나의 직업은
군인입니다

나의 직업은
군인입니다

김경연 지음

예미

"군대가 어쩌다 이렇게까지……. 이게 군대냐? 개판이네, 군대가 실업자 구제소냐? 하라는 훈련은 안 하고……. 그걸 대책이랍시고, 또 쇼하네……. 그냥 중간만 해라, 괜히 애들이나 잡겠네!"

"군복 입고 다니는 간부 봤냐? 지휘관이라 쓰고 유치원장이라 읽는다! 군기 잡지 마라. 데스노트 오른다! 훈련 빡세게 하면 민원 나온다. 전투는 장차 작전, 민원은 현행 작전."

군대 이야기에 빠지지 않는 군 안팎의 말들이다. 곧이어 '살다 살다 이런 일은 처음이다'라는 평가까지 한다.

군에서 언론과 국민의 관심을 받았던 사건·사고는 과거에도 많았다. 그러나 최근처럼 유사한 문제가 여기저기서 생중계하듯이 제보되어 물의를 일으킨 것은 처음이다. 이러한 현상의 본질은 MZ세대들이 군 복무 간 느끼는 상대적 박탈감 때문이라 할 수 있다. 기성세대들이 군이라는 특수한 환경 속에서 감내하지 못하더라도 어쩔 수 없이 참았던 시대와는 비교된다. 당시 젊은이들은 서로의 의견을 공유하거나 목소리를 낼 수단도 없었다.

MZ세대는 이럴 때 어떤 생각을 가질까?

휴대전화로 사회에서 일어나는 일을 쉽게 접할 수 있고, 인접 부대 친구와도 의견을 나누고 그것을 다시 사회로 보낼 수가 있게 되었다. 또한, 군에 관심이 있는 사람이라면 누구나 대한민국 군대 그 어느 곳에서 어떤 일이 일어나는지 약간의 시간 차이가 있더라도 결국에는 알게 된다. 이처럼 병영 환경은 핸드폰 사용으로 완전히 새로워졌다. 젊은이들일수록 변화를 빠르고 쉽게 받아들인다. 태어나보니 핸드폰은 원래부터 있던 것! 기성세대들이 과거로부터 빠져나오는 시간 동안 그들은 스펀지처럼 현재를 받아들인다. 그들의 상관들이 군대와 군인이 변해야 할 것과 변하면 안 될 것을 구분하는 동안, 그들은 현재 상황을 있는 그대로 수용한다. 여기서 괴리가 발생하는 것 같다.

기존 국방정책은 과거에 비해 개선되고 발전하고 있지만, 그 판단 기준은 아직도 과거이다. 매년 '달라지는 병영, 발전하는 국방, 선진화 병영문화 혁신' 등 말잔치가 난무했다. 방송과 매스컴에서는 홍보용 보도자료를 기초로 그럴싸하게 옛날 군대보다 좋아졌다고 경쟁적으로 보도했다. 그러나 현장에서는 아직도 2차 세계대전 때 사용하던 형태의 것들을 사용한다.

여기서 반면교사로 경찰의 예를 들어보자. 어느 해 흉악범의 차량 도주를 놓친 적이 있었다. 그 무능력에 국민적인 질타와 함께 신뢰는 계속 실추되었다.

어떻게 대처했을까?

'안 되는 것은 안 된다'라고 했다. 그들은 도주하는 범죄자를 체포할 능력이 없음을 인정했다. 스스로 치부를 드러내어 양지로 꺼낸 것이다. 그리고 범죄 차량에 대한 효과적인 추적을 위해 순찰차와 무선통신망 자체를 새로 도입하고, 열악한 근무환경과 복지도 획기적으로 개선하여 3교대 이상이 되도록 인원을 확충했다.

있는 그대로 알려야 한다. 갓 도입된 최신 장비와 시설 등이 전부인 양 알려서는 안 된다. 2000년대부터 교체되기 시작한 침대형 생활관은 아직도 진행형이다. 우리 군도 현재와 미래를 이끌어갈 초급간부 모집 시, 공무원이나 일반직장보다 조금 좋은 몇 가지를 유인책으로 쓰기보다는 어렵고 힘들고 상대적 박탈감을 느낄 수 있는 열악한 현실을 있는 그대로 알려주어야 한다.

군인이 되기 전 저자가 TV나 영화로 보던 사관생도와 장교들의 모습은 멋졌다. 깔끔한 제복을 입고 화려한 파티를 하며 전쟁터에서는 용감하고 자신 있게 지휘하는 모습이었다. 그러나 실제 육사 입교 후 체감은 달랐다. 훈육 장교들과 선배들은 과거보다 복지와 시설, 학교문화가 좋아졌다고는 했지만 태어나 처음 접하는 위계질서와 강압적인 분위기는 하루하루를 인내와 갈등의 시간으로 만들었다.

이렇게 사실과 괴리가 있는 현실은 불신으로 이어진다. 이제는 과거와 달리 군대의 일들을 감추거나 숨길 수도 없다. 병영 생활 저변의 일들이 거의 실시간으로 외부로 알려지기 때문이다. 그러나 개선하거나 보완하고 발전시켜야 할 군대 문화에 대해 직업군인들은 말을 아낀다. 왜일까? 과학기술의 발전과 첨단화에 따라 전투력은 향상되고 문화는 개선되어야 한다. 그러나 현실은…….

저자는 이런 문제의식을 기반으로 책임감이 없다며 선배들을 비판하기만 했다. 돌이켜보면 군인정신과 소신으로 희생하거나 헌신하지는 않았다. 생계형 장교가 우려하는 인사상 불이익, 몸담았던 조직에 대한 얄팍한 의리가 그 원인이었던 것 같다. 반성한다. 그래서 이러한 안타까움을 있는 그대로 책에 녹였고, '국민의, 국민에 의한, 국민을 위한 군대'로 거듭나는 데 미약한 힘이나마 보태는 것이 도리라는 생각으로 책을 출간하게 되었다. 이 책이 나오기까지 군대와 군인에 대한 다양한 시각과 MZ세대의 생각을 적나라하게 알려준 전우들에게 고마움을 전한다.

2022년 1월
저자 김경연

목차

PART 2   왜 하필 군인이야?

이 글을 읽는 모든 이에게 군대를 향한 품격 있는 태도를 권하고자 한다. 군대는 일반직장이나 단체에서는 요구되지 않는 것들이 있는 동시에 지켜주어야 할 것들도 있다.

첫째, 직업군인이 되고자 한다면 군인이기에 감내하고 헌신할 마음의 준비를 해야 한다. 군인도 국민의 한 사람이지만 다른 국민을 우선할 사명이 있다.

둘째, 개인이 처한 입장 변화에 따라 달라지는 군대를 향한 이중적 잣대를 버려야 한다. 나 또는 자식이 군대에 있을 때는 편하면 좋고, 군을 떠나면 엄정한 군 기강 확립과 혹독한 훈련을 바라며 비난하는 이중적 태도에서 벗어나야 한다.

셋째, 개인이나 단체가 이익을 위해 군의 근간을 흔들고 상처 주며 희화해서는 안 된다.

넷째, 개인의 영달이나 생계가 우선되어서는 안 된다. 소명의식을 가지고 군인답게 명예로운 언행을 해야 한다.

군에는 중국 고사에서 유래한 '천일양병 일일용병千日養兵一日用兵'이라는 말이 있다. 하루를 써먹기 위해 천 일 동안 훈련한다는 뜻이다. 이를 두고 군대를 비생산적인 소비집단이라고 말하는 사람도 있다. 심지어 전쟁이 없으니 필요 없다는 식으로 폄하하는 이들도 있다. 한 번만 더 생각해보면 어떨까?

군대를 경제용어로 비유하자면 보험이고 담보라 할 수 있다. 존재 목적 자체도 법에 명시되어 있다. 대한민국의 군대인 국군의 이념과 사명은 〈군인의 지위 및 복무에 관한 기본법〉 맨 앞에 명시되어 있다.

1. 국군의 이념 : 국군은 국민의 군대로서 국가를 방위하고 자유민주주의를 수호하며 조국의 통일에 이바지함을 그 이념으로 한다.
2. 국군의 사명 : 국군은 대한민국의 자유와 독립을 보전하고 국토를 방위하며 국민의 생명과 재산을 보호하고 나아가 국제평화의 유지에 이바지함을 그 사명으로 한다.

핵심을 요약하면, 대한민국 군대와 군인은 국가와 국민을 위해서 존재한다는 것이다. 우리는 이것이 요약, 함축된 복무신조를 매일 암송한다. 이를 구현하기 위해 군인은 희생과 헌신을 감내해야 하고 국민의 지지와 성원 아래서 그 어떤 하루, 아니면 몇 초, 그 순간이 오지 않게 예방한다. 마치 자신을 살라 어둠을 밝히는 것처럼. 초는 심지에 불을 붙이면 파라핀이 기화되어 산소와 화학작용을 일으키면서 꺼지지 않고 계속 타며 어둠을 물리친다. 촛불을 군대로, 파라핀과 산소를 국가와 국민으로 비유한다면 비약일까?

군대는 군인을 주 구성원으로 조직되어 국가와 국민을 위해 그들의 생명을 담보하며 존재하는 특징이 있다. 일반적인 이익집단이나 영리단체가 그들 자신을 위하는 것과는 차원이 다른 것이다.

"민주주의의 군대는 존재하나 군대 내의 민주주의는 존재하지 않는다."
−6·25전쟁 중 낙동강을 사수하라는 지시를 내린 워커 중장을 미 의회에서 비난하자 맥아더 사령관이 남긴 말

언제부터인가 군대의 본질적 존재 목적과 수단이 흐트러지는, 믿고 싶지 않은 상황으로 바뀌는 것 같아 답답함을 느낀다. 촛불은 계속 타야 하는데 파라핀도 산소도 부족해지고, 그마저도 엉뚱한 곳으로 흘러버리는 꺼져가는 촛불이 자꾸 생각난다. 한편으로는 부족한 파라핀과 산소를 탓하며 꺼지지만 않기 위해 점점 빛을 잃어가는 듯하다.

군대는 기본적으로 국가와 국민을 위해 존재해야 한다. 군인을 위

해 존재해서는 안 된다. 그렇기에 직업군인은 일반 직장인과는 달라야 한다.

본질적인 목적을 잃어서는 안 된다. 직장인은 돈 벌러 출근하고 학생은 공부하러 학교에 간다. 군인은 나라 지키러 군대에 가는 것이다. 직장인이 놀러 가고 학생은 밥 먹으러 가고 군인이 돈 벌러 가거나 밥 먹으러 가면 안 된다. 기업은 이익을 창출해야 하고 학교는 공부를 잘 시켜야 하며 군대는 훈련을 제대로 해야 한다. 본질에 충실해야 한다. 물론 이를 위해 나머지가 무시되거나 등한시되어서는 안 되지만 목적과 수단, 방법이 전도되어서는 안 된다는 것이다. 우리가 사회구호단체에 기부하는 것은 도움이 필요한 곳에 잘 써달라는 것이지 그 구호단체나 봉사조직 직원의 복지와 영리활동을 위해 사용하라고 주는 것이 아닌 것과 같다.

군대는 국가와 국민을 위해 나라를 지키는 존재다. 군대가 군인만을 위해 관리되고 본질적인 존재 목적에서 벗어나 이용되고 운영되기 시작하면 그 끝은 어디일까?

유치원 아이에게 군인이 뭐 하는 사람이냐고 물어도 한마디로 대답한다. '나라 지키는 사람'이라고 말한다. 이처럼 너무나 기초적인 상식이 깨어져서는 안 된다. 겉으로는 그것을 인정하면서도 개인이나 단체의 이해관계가 결부되면 정상적인 태도는 돌변한다. 언뜻 보면 알면서 모른 척하는지, 알려고 안 하는지, 알고 싶지 않은지 헷갈리게 한다. 본질을 물으면 온갖 화려한 레토릭Rhetoric을 발휘한다. '말 많으면 공산당'이라고 했던가?

자신이 군대에 가 있는 동안, 내 자식이 군대에 가 있는 동안은 편해야 하고 제대하게 되면 군기가 엉망이니, 훈련이 약하니 비판하는 데 앞장선다. 군에 있는 동안은 일반직장이나 사회보다 조금이나마 처우가 부실하거나 환경이 불비하면 개선하라고 여기저기 아우성을 친다. 큰 목소리는 주목을 받고 그들 사이에서 영웅시되는 풍조를 조장한다. 그러다가 이러한 이해관계에서 벗어나는 순간 태도가 또 돌변한다. 이런 양심 없는 생각은 어디서 나오는 것일까? 인간의 본성인가? 품격 없는 소수의 이판사판식 아우성인가? 의문이다.

다이어트를 하려면 먹고 싶은 욕구를 참아야 하고 몸짱이 되고 싶다면 그 고통을 즐기며 감내해야 한다. 진리이다. 어떤 특효약이 나오면 모를까 그전에는 어림없다. 금지 약물을 복용한 운동선수를 벌하고 그 기록과 인격을 욕할 자격이 그들에게 있을까?

현실은 그렇게 하고 있느냐는 것이다. 그런 노력도 없이 날씬하고 싶고 멋있고 싶고 공짜를 받고 싶은 욕구, 이것을 도둑놈 심보라고 한다. 그러나 이런 좀도둑보다 더 경계해야 할 대상이 있다. 인간의 본성, 이중적 잣대와 현실과 이상의 차이, 이성과 감성의 괴리 사이에서 현란한 말재주와 얄팍한 지식으로 자신의 이득을 추구하는 것이다.

모병제와 징병제, 복무기간 단축, 대체복무, 양심적 병역거부, 출산율 저하 등에서 본질을 보려는 조금의 관심과 노력만 있다면 어렵지 않게 찾을 수 있다. 자신의 의지를 갖추고 자발적으로 꽃다운 청춘, 피 끓는 젊음을 바쳐가며 군대에 가려는 이가 넘친다면 모병제가 가장 이상적이다.

현실을 직시해보자! 군대는 본인 의사와 상관없이 사람을 죽이는 기술을 배우고, 개인의 의사와 상관없이 입대해 인생의 황금기를 상대적으로 열악한 곳에서 낭비하고 뒤처지게 되는 곳이라고 폄하貶下되거나 폄훼貶毁되고 있다. 입대를 앞둔 젊은이 중 적지 않은 수는 가능하다면 안 가고 싶어 하고, 그런 자녀를 둔 적지 않은 부모는 그에 동의한다. 그들 모두에게 매력 없는 군대가 된 것이다.

이처럼 끌리지 않고 자발적으로 가기가 썩 내키지 않게 느껴지는 풍조가 자리 잡고 있는데 예측된 변수가 나타났다. 통계청에 따르면 주요 병역자원 대상인 19~21세 남성이 2020년 97만 1,701명에서 2030년 69만 7,963명, 2040년 46만 4,769명으로 추산되며 현재의 거의 절반 수준까지 급감하게 된다고 한다. 이에 따라 2040년 입영자는 10만 명 미만으로 예측된다. 출산율은 회복할 기미가 없어 보이고 병 복무기간은 육군의 경우 2003년 24개월에서 현재 18개월까지 단축됐다. 병역자원 감소가 예상되는 속에서 복무기간을 줄일 때는 언제고 이제는 모병제를 해야 한다며 선택을 주장한다.

지난 일을 까먹는 사람이나 모른 척하는 사람이나 둘 중 하나를 선택해야 한다는 사람, 안 된다고 하는 사람들을 주변에서 쉽게 볼 수 있다. 이 프레임 안에서 시끄럽게 언성만 높아진다. 논리가 어떻고 외국 사례가 어떻고 하며 시뮬레이션도 하고 워게임을 해봐야 뻔하다. 이 프레임 속 실험은 우리의 현실과 이상, 인간의 이성과 감성이라는 변수들을 이용한 너무나 위험한 실험이자 무모한 도박이다. 우리 국가의 운명, 국민의 세금과 재산을 내던지는 그런 도박이다.

그럼 어떻게 해야 하는가?

모병제와 징병제를 선택하는 그 본질이 무엇이냐는 것이다. 6·25 전쟁 당시에도 모병제와 징병제가 공존했다. 그럼에도 불구하고 군대에 가지 않아도 되는 학도병들까지 총을 메고, 일반인들도 자발적으로 포탄과 탄약, 식량 등을 그 위험한 전선으로 옮겨주기도 했다.

모병이냐, 징병이냐? 국가와 국민을 위해 나를 희생하고자 하는 마음이 있느냐 없느냐의 문제이다. 우리 국가와 국민을 담보로 무모한 도박을 하는 것보다는 다른 담보가 필요하다. 모병이 어려울 것이란 우려에 현란한 말재주와 감성에 호소하기보다는 복무기간을 늘리면 될 것이다. 그 상황에 누군가는 군 생활을 더 해서 안정적인 병력 수준을 유지할 수 있는 담보 조항을 포함하면 된다. 또 하나 담보 조항이 있다. 모병 같은 징병, 징병 같은 모병을 하면 된다. 징병제 아래서이지만 군 복무를 하는 것이 그렇지 않은 것보다 열 배, 스무 배 이익이 되게끔 해주는 것이다.

말하자면 평생을 살아갈 인센티브를 주는 것이다. 적절한 수준은 먼저 파격적인 모병률이 나오게 한 다음 조금씩 조절해나갈 수 있게 하면 될 것이다. 자발적 군 복무자에게만 공무원 임명권이나 피선거권을 부여하고, 국가 예산이 들어가는 모든 공공단체나 기업에 할당제를 주어 100% 취업을 보장하고, 본인이 원하는 일정 기간 세금을 감면해주는 등 군 복무를 했다는 사실만으로 평생을 살아갈 초석을 보장해준다면 어떨까?

국가안보를 가지고 탁상공론을 해서는 안 된다. 현재 전문하사(임기제 부사관)도 수요를 충족하기 어렵다고 한다. 이런 상황에서 병영생활로 인한 자유의 구속까지 고려한다면 적정한 급여는 얼마나 될까? 최저임금법을 기초로 단순하게 최저시급(9,160원)과 한 달 법정근로시간(209시간)을 곱하면 최저임금은 191만 4,440원이 된다. 여기에 1일 16시간, 법정공휴일·대체휴일 등 노동법상 연장근로 시 임금의 1.5배, 휴일은 2배를 적용해보면 각각 월 659만 5,200원, 351만 7,440원이 되어 수당 없이도 월 1,202만 7,080원이 된다. 1년간 연봉은 1억 4,432만 4,960원, 18개월 복무 시는 2억 1,648만 7,440원이다. 이런데도 월 200~300만 원, 9급 공무원 정도의 처우면 될 것이라는 발언을 들으면 안타깝다. 일과시간 외 영내 대기 등 자유를 구속하는 대가를 왜 포함하지 않는지 이해하기 어렵다.

국가안보에는 빈틈이나 시행착오가 있어서는 안 된다. 눈에 불을 켜고 지켜도 놓치는 경우가 있는데 대충 해서는 절대 안 된다. 특히나 우리에게는 한반도 공산화를 노동당 규약(북한 헌법)에 명시까지 하고 협박하는 적이 있는 안보환경을 고려해야 한다. 국방 안보를 대상으로 포퓰리즘적 인기나 개인의 영달을 추구해서는 안 된다. 건전한 사고와 상식을 바탕으로 문명인으로서 통찰해야 한다.

'민주주의 군대는 있어도 군대 내의 민주주의는 없다'라는 말처럼 직업군인이 가져야 할 최소한의 소명의식과 가치관 등 변해서는 안 되는 것과 기존의 전통적인 사고에서 벗어나 수직적 권위 문화를 벗어야 하는 변해야 할 것 등에 대해서도 생각해야 한다. 인권은 말할 것도 없고 각종 수당, 복지 등은 일반적인 공무원 수준이나 대기업 수준에 맞게 개선되어야 한다. 직무를 수행하는 데 관련되지 않는 현재 간부들에게만 적용되는 혜택을 병사에게도 개방해야 한다.

지구상 가장 우수한 대한민국 병사!

지금까지 군 복무 기간 중 보고 느낀 것은 바로 우리들의 훌륭한 병사들이다. 그들 대부분은 충성스럽고 헌신적이다. 단순히 상대적 박탈감에 민감하게 반응하는 것을 빼고는 특별히 요구사항도 없다. 단지 기껏해야 휴가 정도이다. 문제는 간부들이다. 어디서부터 잘못된 것인지, 원인이 무엇인지 골똘히 생각해보아야 한다. 군대를 실업구제소 정도로 인식하는 것부터인지 개인 영달의 실현장, 인기몰이의 수단, 관리의 대상으로 여기는 인식 때문인지 잘 모르겠다.

마지막으로 군대는 군대답게 변해야 한다. 직업군인은 소명의식을 가지고 자발적 군기로 무장함으로써 직분의 본질에 충실하며 군인

의 도리를 다해야 할 것이다. 이렇게 함으로써 '군인의 헌신적인 희생'
을 폄하하거나 이용하는 그릇된 사고를 바꿀 수 있을 것이다.

변치 말아야 할
군인의 품격

굽신거리는 군인

　한 사람으로서, 군복 입은 군인으로서 좋아 보이지 않는 모습이 있다. 자신의 이익 앞에 굽신거리는 사람이다. '세상 살아가면서 이렇게 안 해본 사람이 있겠나?' 누군가 묻는다면 나도 그랬다고 답할 수밖에 없다. 반성한다. 그렇다고 변명거리가 없는 것은 아니다. 적어도 이익을 염두에 두고 그러지는 않았다. 소인배처럼 굽신거리지는 않았다는 뜻이다. 군인으로서 상급자에게 군대 예절만은 나름 지키려 노력했다. 이것도 개인적인 시각이니 객관적이지 않을 수도 있을 것이다.

　'굽신'이라는 말은 '고개나 허리를 자꾸 구부렸다 펴는 모양' 또는 '남의 비위를 맞추느라 비굴하게 자꾸 행동하는 모양'이란 의미로 일반적으로 쓰인다. '굽신거리다', '굽신대다', '굽신굽신하다'라는 표현도 쓴다. 이것은 이해관계를 잘 따지는 중국 사람들의 영향으로 '굽힐 굴

屈과 펼 신伸 또는 몸 신身이 변형된 것이다'라는 설도 있으나, 이와는 무관하며 '굽실거리다'가 순우리말이며 표준어였다. 그러던 것이 너무나 많은(?) 사람들 사이에서 자연스럽게 사용되다 보니 2014년 12월에 국립국어원에서 비표준어 '굽신거리다'를 복수 표준어로 인정하기에 이른다.

유래가 어찌 되었건 군인에게는 어울리지 않는 단어인 것은 분명하다. 고급장교들이야 그렇다 치더라도 군의 미래들에서도 안타까운 모습을 너무나 많이 목격하게 된다. 이 책임은 자신의 이익 앞에 굽신거리는 모습을 보인 나쁜 선배들에게 있다. 짐승조차도 먹이 앞에 굽신거리지 않는다. 단지 그것을 사냥하기 위해 웅크리며 눈을 번쩍이기는 하는 것 같다.

이처럼 이상한 군인들의 문화가 번지는 것이 아닌지 우려된다. 그들은 외적 자세나 행동으로만 그치는 것도 아니다. 마음가짐이 밖으로 표현되는 것이니 숨길 수도 없는 노릇일 것이다. 고급장교로서 뭐가 그리 굽신거릴 일이 많은지 안타까울 뿐이다.

좋아 보이지 않는 모습을 보이는 선후배들에게 우회적으로 왜 그러는지 물어보았다. 놀랍게도 돌아오는 답은 거의 비슷했다. 공공기관에 있는 사람들이니 나중에 도움 받을 일이 많을 것이라는 등, 굳이 뻣뻣하게 대할 필요가 없다는 등 나름 개념이랍시고 설명한다. 이런 말을 듣고 나서 여러 생각이 온종일 머리를 맴돌았다.

예전에 ○○○사령부에 근무할 때 국정감사 나온 국회의원들을 안내한 적이 있다. 지금도 그렇겠지만 당시 국방부 직할 부대로 서울 사대문 안에 사령부가 위치한 부대가 있었다. 그곳까지 버스 안내를 담당했는데 놀랍고 창피하기도 한 모습을 가까이서 목격했다.

일선 부대에서는 눈살을 찌푸릴 정도로 거들먹거린다는 비판을 받던 그 부대의 수뇌부들이 정복까지 입은 상태에서 거의 90도로 허리를 숙이며 악수를 하는 것이었다. 물론 그 위원회 구성원 대부분이 군선배이니 그럴 수도 있겠다며 이해하려 해도 쉽지 않았다. 무엇을 위해 그러는지 생각하기도 부끄러웠다.

한때 적의 우두머리와 꼿꼿하게 악수를 해서 유명해진 예비역이 회자한 적이 있다. 얼마나 그런 모습을 보기 힘들었으면 기사화되고, 이를 본 국민들이 응원을 했을까? 반면에 별을 달고 녹색 견장을 달고 있는 군인이 위문금을 가지고 부대를 방문하는 외부인에게 예의를 넘어 굽신거리는 모습을 보인다. 심지어 군 복무도 하지 않은 사람에게 명예 ○○장이라며 전투복에 계급장을 수여했다고도 한다.

나중에 들리는 이야기는 더 기가 막혔다. 그 돈 많은 사람이 정치권에 발이 넓은 것을 알고 극진히 대우했다고 부하들 사이에서 비웃음거리가 되는 것 같아 마음이 좋지 않았다. 게다가 뭔가를 기대하고 명예 사단장이니 소장이니 하며 추켜세워 주니 좋아할 때는 언제고 언론의 질타가 따르자 앞으로는 군부대 위문을 안 하겠다고 했다는 후문도 있었다. 끼리끼리들 떼 지어 욕 먹이는 모습이다.

그런 사람은 군인이 아니다. 당사자는 나름 변명도 할 것이다. 부대원들을 위한 위문을 왔으니 극진히 대해야 한다는 둥 엉뚱한 소리로 합리화하려고도 할 것이다. 사실 보통의 군인이라면 그가 가져온 돈으로 위문을 받기보다는 자존심을 지키고 싶을 것이다. 그 이상한 군인인 척하는 이들의 논리는 다른 것을 반증한다. 그들이 직업을 잘못 선택했거나 빨리 바꾸는 것이 좋을 거라는 것이다. 영업이나 로비는 장사하거나 사업하는 사람들의 몫이다.

반면 현재 전라북도에 소재한 대학교에서 예비 장교 후보생을 양성 중인 한 분은 지휘관 시절 부대의 열악한 장병 복지 증진을 위해 국내 굴지의 기업 대표로부터 위문을 받고 병영체험까지 하게 하였다. 주변 참모들이 터무니없이 명예 군단장이니 명예 중장이니 하는 직책이나 계급을 주자는 굽신거림을 물리치고 훈련을 담당했던 대대장의 의견을 받아 명예 예비역 병장 계급을 수여했다. 60세가 넘은 나이에 며칠간의 병영체험을 한 그분도 이렇게 짧게 복무하고 예비역 병장이 되는 영광을 받았다며 기뻐했다. 서로를 알아본 것이다.

똑같은 군복을 입고도 아직은 그 명예를 자랑스러워하는 이들이 있음이 다행이다. 단순히 겉치레만 하는 소수의 사람 때문에 묵묵히 본연의 임무에 전념하고 있는 군인들까지 그에 합당한 대우를 받지 못하는 것이 아닐까? 권력에 굽신거리고 돈에 굽신거리고 계급장 하나 더 달려고 굽신거리는 행사에 동원되는 병사들의 시선을 두려워해야 한다.

아무리 군을 홍보해도 이처럼 자신의 이익만을 추구하기 위해 굽신거리는 군인이 있는 한 그 목적을 얻기는 요원해 보인다. 요즘 군복 입고 회식하거나 출퇴근하는 모습을 보기 쉽지 않은 것은 누구 때문일까?

부대 내 병사의 핸드폰 사용

　〈국가 흥망의 정치학〉 강의를 들으며 과제를 받았다. 이 세상 모든 학생이 싫어하는 두 가지, 학교 가는 것과 숙제 둘 중 하나를 받은 것이다. 그것도 정감 어린 이미지를 가지고 있던 교수님께서 이럴 줄이야! 대략 30년 정도 전 파릇파릇한 시절, 둘 다 20대로 만났었다. 교관과 생도, 아마도 3학년 때였던 것 같다. 그때도 숙제는 주지 않으셨던 것 같은데 나이 오십이 넘은 학생에게 숙제를 주시다니. 어쩔 수 없다. 학생의 본분은 공부를 열심히 하는 것이다. 이를 위해 선생님 말씀을 잘 따라야 한다.

　곰곰이 생각해보는데도 소재는 떠오르지 않고 오래전 추억만 떠오른다. 재미없는 군인 교수님들과 달리 중위였나 대위였나 계급도 정확히 기억나지 않지만 재미있고 신선하게 배웠던 이미지만 가물거렸다.

그래도 제출 마감일은 여유가 있어 다행이다. 3주 후이다. '공직자 경험 가운데 국가정책 결정, 집행 참여 사례 소개'로 분량은 2페이지 내외이다. 생각해보니 얼른 떠오르지 않는다. 30여 년 군복을 입은 장교가 군에 이렇게 기여한 것이 없다니 한심했다. 머리를 쥐어짜 보아도 정책 결정에 참여하거나 집행을 주도했다고 할 만한 것들이 없었다. 단지, 아이디어를 내고 추진하다가 사장되었던 것 하나만 떠올랐다.

　'병영 내 병사의 핸드폰 사용!'

　2014년 육본에서 근무하고 있을 때였다. 4월 7일, 제28사단의 한 의무대에서 선임병들이 후임병을 집단 구타해 죽음에 이르게 한 일명 윤 일병 사건이 있었다. 곧이어 6월 21일 22사단 GOP에서 총기 난사 사건이 발생했다.

　공통된 원인으로 군내에 아직도 병영 부조리가 여전하다는 여론이 들끓었고, 이를 없애기 위해 병영문화 혁신이 화두로 대두되었다. 연일 빗발치는 비난을 반영해 육본에 TF가 편성되었는데 그 일원으로 참여하게 되었다. 사실 이전에도 선진 병영문화 개선·정착, 병영문화 개선 등 이름만 바꾼 다양한 형식적인 시도가 있었다.

　'형식적인'이라는 단어를 써가며 과거 선배들을 비난하고 싶지 않지만, 만족할 만한 결과를 얻지 못한 것은 사실이다. 그런 것들을 실무적으로 추진했던 예비역이나 군 수뇌부의 지나간 행태를 보아 그랬을 거라는 짐작이 들기도 했다.

어쨌든 임무를 받은 이상 무엇인가를 내놓아야 했다. 미군과 같이 근무했던 경험을 되살려보았다. 10여 년 전 약 3년 정도 가까이서 보고 느낀 것을 한국군으로 오면서 지우려 했는데 이제는 다시 살려내야 하는 상황이 된 것이다. 그때는 한국군 장교가 한국군에서 참 스트레스를 많이 받았던 이상한 시기이기도 했다.

아이디어를 내고 문서화시키고 추진하는 모습을 보고서 특이한 사고를 하는 개념 없는 장교로 보이기도 했다는 말도 들었다. 결과적으로 이 튀는 발상은 사장되었다. 그리고 몇 년 후에 시행되었으니, 여기에 뭔가 기여나 참여했다고 자평하기도 옹색하다. 그 아이디어는 아주 단순한 것에서부터 시작된다.

전장에서 장군이나 이등병이나 총알은 피해서 가지 않는다. 다 똑같은 전투원이다. 이는 누구나 인정할 수밖에 없는 사실이다. 미군은 이를 자연스럽게 행동으로 실천하는데 우리는 말로만 행한다. 미군은 이병도 핸드폰을 자연스럽게 사용했다. 우리 군도 이렇게 하자는 의견을 제시한 것뿐이다.

그러나 그 반응은 몇몇을 제외하고는 황당하다는 반응이었다. 병영문화의 획기적인 변화가 분명히 있을 것이라고 공감은 했지만 반대가 만만치 않았다.

관련 부서, 상급자들과 격론을 벌일 수밖에 없었다.

"병사들이 핸드폰을 사용하게 되면 문제가 많을 것 같은데?"

"시행 초기는 예상치 못한 문제들이 발생할 것입니다. 그래서 사전 예측 가능한 문제를 도출하고 보완 후에 작은 부대부터 시범 적용을 하고 평가와 분석을 통해 보완하면서 점차 그 규모를 확대하면 됩니다."

"비밀이 대외로 많이 유출되지 않을까?"

"군사비밀에 접근할 수 있는 권한은 병사에게는 거의 주어지지 않습니다. 실제 지금까지 보안 관련 사건·사고는 병사가 아니라 계급이 높은 사람이 많이 내고 있습니다."

"지난번에 지휘관 정신교육 내용이 녹취되고 언론에 나가 문제가 되지 않았나?"

"그것은 정신교육을 똑바로 못한 그 지휘관의 자질이 문제의 핵심입니다. 병사를 교육하거나 지도할 때는 그 뒤에 부모와 기자가 있다고 상상하고 말을 하는 분위기를 만들어가야 합니다."

"영내에서 무분별한 촬영으로 각종 보안시설이나 장비 사진이 외부로 나갈 것 같은데?"

"사진, 영상 촬영은 카메라 기능이나 장소를 제한하면 되고 금연구역처럼 표시하면 될 것입니다."

"보안업무 훈령, 시행규칙, 규정에 많이 저촉될 소지는 없는가?"

"혁신하려면 관련 법규는 개정해야 합니다. 과거 상황에 맞게 만들어진 규정은 당연히 바꿔야 합니다."

"국민 여론이나 언론 반응은 어떨까?"

"지금처럼 병영 혁신의 필요성에 대해 공감하는 시기도 없다고 생각합니다. 그래서 국방부부터 위원회를 만들지 않았습니까? 물론 과거 자신들의 군 생활과 비교해 반대하는 예비역도 있을 것입니다. 이는 저명인사, 칼럼니스트 등을 활용해서 적극적으로 홍보해나가면 해소될 것입니다."

'혁신을 하겠다는 건지, 하지 않겠다는 건지' 알 수 없는 대화가 오고 갔다. 결론적으로 민간인이 포함된 국방부 위원회에서도 '아직은 시기상조다'라는 결론이 났다. 군을 모르는 사람들, 그 위원 자리를 경력 정도로 여기는 인사들을 모아놓고 뭔가 한다는 포장지 정도로 활용했으니 당연한 결과일 것이다.

그래도 다행인 것은 몇 년이 지나고 그때의 아이디어가 일부 받아들여져 시행되고 있다는 것이다. 그것도 군의 자발적인 추진이 아니라 외부의 입김에 의한 것이었다. 왜 군이 폐쇄적이라는 말을 듣게 되는지 증명되는 또 하나의 사례인 셈이다.

이런 일이 발생한 근본적인 원인은 무엇일까? 그것은 본질에 충실하지 않기 때문일 것이다. 왜 간부와 병사는 달라야 하는가? 지금도 병사는 간부처럼 핸드폰을 완전히 사용하지 못하고 있다.

제한사항이 많다. 시간, 장소, 기능 면에서 허용 기준이 다르다. 핸드폰 관련해서 그들이 일으키는 통계적 사건·사고는 간부들보다 훨씬 많지만, 시행 초기 우려되었던 심각한 문제는 거의 들은 바가 없다.

기껏해야 카메라 렌즈 가림 스티커 임의 제거, 보관장소에 늦게 반납, 생활관·휴게실 등 허용지역 이탈 등 소소한 것들이다.

반면 간부들은 지휘통제실 반입 제한 등을 제외하고는 거의 자유롭게 사용할 수가 있다. 사회적 이슈가 되는 사건·사고도 대부분을 간부들이 저지른다. 심지어 지휘관 작전지침을 무단으로 녹음하거나 여성 알몸을 불법촬영하고 당직근무 시간에 핸드폰 게임만 한다고 신고되는 일도 있다고 한다.

주요 직위자 중 일부는 SNS 보고라는 개념을 만들어 국내 것이 아닌 외국의 텔레그램을 사용하게도 한다. 누가 보안 규정을 지키지 않는 것인가?

갑자기 한 사건이 머릿속을 스쳤다.

2000년대 초 4성 장군이 지휘하는 부대 위병소에서 민간인에게 총을 탈취당한 일이 있다. 이 창피한 사건의 결과는 엉뚱하게 나타났다. 위병소가 있는 중대~사단들이 집중 점검을 받았다. 그 총을 빼앗긴 부대에서 소령, 중령들이 단체로 지도방문을 나왔다. 사단, 연대는 그 예하 부대를 점검했다.

같은 부대에서 같은 군복을 입고 있으면서 규정이 다르게 적용된다면 코미디가 아닌가? 병사의 휴대전화 사용에 대해 그 난리 치던 언론, 반대하던 사람들은 지금은 다 어디로 갔을까? 누구는 되고 누구는 안 되는 것이 말이 되는가? 아직도 우리 군은 변해야 할 것이 많다.

몰라서 가만히 있는 건지? 알면서 모른 척하는 것인지? 바빠서 못 하고 있는 건지? 무엇 때문에 바쁜 건지? 궁금하다. 외부에서 의견이 나오기 전에 우리가 먼저 움직일 수 있었으면 한다. 그래야 군에 더 알맞은 방안을 찾을 수 있을 테니까.

옛 지휘관 찬스, 상급자 찬스,
엄마 아빠 찬스!

군대도 사람 사는 세상이다. 사람 간의 관계는 각자 위치에서 도리를 다해야 자연스럽게 이어지는 법이다. 사전적 의미의 도리道理란 '사람이 어떤 입장에서 마땅히 행하여야 할 바른 길'이라고 한다. 명절이나 어른의 생일일 때는 찾아뵙고 인사를 드리고, 그게 여의치 않으면 전화라도 해서 안부를 여쭈는 것도 도리일 것이다.

스스로 자문도 해본다. 돌이켜 보면 지금까지 군복을 입고 여기까지 오게 해주신 고마운 분들이 많다. 쉽게 움직일 수 없는 처지였으나 안부전화 정도는 가능하다. 1년에 딱 두 번, 설과 추석에 2~3분 한 통이면 된다. 말처럼 하지 않았던 반성이 앞선다.

요즘처럼 추석 전에는 선후배들, 과거 인연을 맺었던 적지 않은 전우들과 지금도 전화를 주고받는다.

"추석 연휴 잘 쉬어. 이번에는 고향에 가냐?"

"부대에서 운동이나 하렵니다."

"연휴에 쉬지도 못하고 고생한다."

일상적인 편한 대화이다. 그러나 추석 전 나온 진급 결과에 이름이 없는 비선된 이와의 대화는 참 조심스럽다. 어쩔 수 없이 곧 있을 보직 이동에 관한 이야기로 자연스레 대화가 이어지는 일도 있다. 진급에 탈락한 후배, 부하들의 진로에 방향 제시와 조언을 해주는 것도 도리일까?

내가 그럴 자격이나 있는지, 의문스럽다. 예전에는 이런 대화 후 아는 선후배들에게 추천으로 포장한 청탁(?)도 행해졌지만, 김영란법 이후로는 뭘 할 수도 없게 되었다. 하지만 가끔은 이걸 은근히 바라는 이들이 있다. 세상 변했다며 에둘러 말하면 다음부터는 연락도 없다.

가끔 생각해본다. 세상 사람들이 하지 말라고 안 하면 얼마나 좋을까? 하지만 그런 세상은 없을 것이다. 법도 인간이 만드는 것이니 완벽할 수도 없고 사람들도 저마다 생각이 다르기 때문일 것이다.

하기야 어떤 염치없는 사람은 온갖 그럴듯한 척 다 하며 타인의 잘못인지 아닌지도 모호한 일을 침소봉대해서 가슴에 비수 꽂는 걸 즐겼다. 그러다 시간이 지나 자신은 더한 짓을 하고 있었다는 것이 들통나자 그래도 자기는 잘못한 게 없다며, "나만 그러냐? 너희는 안 그러냐? 같은 잣대로 털어볼까?" 하며 도리어 큰소리치는 아주~ 아주 훌륭한 분도 계시니…….

그런 사람을 향해 도리를 모르고 염치가 없다고 해도 될까? 만약 죄를 짓고도 그런다면 잡범이요, 파렴치범이다. 그 정도는 아니더라도 작은 도리를 모르는 사람들을 가끔 접한다. 지금이야 법도 그렇고 문화도 바뀌어 군 내에서는 없을 것이다.

아주 오래전에는 추천을 빙자한 인사 청탁, 압력이 비일비재했다. 지금의 기준으로 보면 위법한 행위이다. 권리행사방해, 직권남용, 부정청탁 등 걸리는 게 한두 개가 아닐 것이다. 한 20년 전쯤일까? 어느 날 상급 부대 선배로부터 전화가 왔다.

"이번에 ○○○이를 너희 부대에 받아라!"
"예, 알겠습니다."

인적 사항을 조회해보니 후배이다. 며칠 후 전화가 왔다.

"선배님~~, 전화 받으셨죠? 그렇게 해주시면 됩니다. 보직은 용인에 있는 ○○○○가 좋겠는데요!"
"그래, 알았어. 거기 가려면 공부 열심히 하고."
"아~ 네, 알아서 할게요. 조치되면 전화 한 통 주십시오."
"그래."

전화를 끊었다. 인접 부서에 있는 후배에게 상태가 어떤지 물었다. 답은 예상대로였다. 한 이틀 고민했다. '모른 척해? 선배 이야기도 있는데⋯⋯. 그래도 괜씸한데. 말투도 그렇고, 싸가지가 없고.' 그 선배에게 자초지종을 이야기했다.

"그런 놈 못 받겠습니다. 추천하시려면 좀 제대로 된 놈을 하십시오!"

불같은 성격이라 성姓 대신에 이름 앞에 '개○○'이라며 몇 년 선배들도 꺼리던 분이셨다. 좀 걱정은 되었지만, 아닌 건 아녔다. 전화가 왔다.

"미안하다. 그놈 받지 마라! 나도 잘 모르는 놈인데 아는 선배가 이야기해서. 너가 말한 대로 똑같이 이야기했다. 그놈 상도의가 없는 녀석이네."

안타까운 후배이다. 인사 상담을 하는 입장, 후배로서 도리를 해야 하는데⋯⋯.

이 정도는 아니지만 비슷한 일도 있었다.

"선배님! 저 이번에 ○○○으로 갑니다."

"오~ 잘되었네. 축하해. 실무자 알아? 어떻게 통화했어?"

"실무자는 몰라서 통화 안 했고 ○○○님이 전화해주셨고 가만히 있으면 된다고 하셨습니다."

"야 야 야~, 그래서 직접 전화도 안 했어?"

"네?"

"입장을 바꿔봐. 뭐라 생각할지? 그 통화는 모른 척하고 너는 네 도리를 해야지~. 인사라는 게 수시로 바뀌는 거고, 그 담당자가 괘씸하게 생각할 수도 있지 않을까?"

사람들의 본성인가? 좀 힘 있는 사람이 도와주면 보이는 게 없는 걸까? 참 안타까웠다.

나이 20살 넘은 성인이라면 누구 찬스를 쓸 필요 없다. 인간으로서 해야 할 도리도 많고 복잡하겠지만 가장 쉬우며 단순한 방법은 주변에서 뭐라 하든 '내 일, 내 역할은 내가 하는 것'이 도리이다. 선배 찬스, 옛 지휘관 찬스, 상급자 찬스, 엄마 아빠 찬스 등 여러 찬스도 있지만, 진정한 찬스는 받는 게 아니라 내가 만들어야 한다.

외국 축구 경기를 보다 보면 자주 들리는 말이 있다. 우리 말로는 '골 찬스를 만들다', '기회를 만들다'인데 우리와 다르게 표현한다. 'Make a chance'가 아니라 'Create a chance!'이다.

"기회를 창조하라!"

허구와 현실 사이

　영화, 드라마, 소설 등을 현실이라고 착각하면 어떻게 될까? 쉬운 표현으로 말하면 '답이 없다'. 어느 연예인이 한 말이 떠오른다.

　"책 한 권 읽고 아는 척하는 놈이 가장 무섭다."

　맞는 말이다. 그러나 그보다 더한 경우도 있다. 영화 한 편 보고 그 감정이입된 시각으로 현실을 보고 해석하고 신념화까지 하게 되면 어떻게 될까?

　아찔하다!

　실제 현실과 공상을 구별 못 해 벌어진 어이없으면서도 슬픈 뉴스가 있었다. 1977년 9월 2일 오전 9시쯤 천호대교에서 어처구니없는 사고가 일어났다. 미국 TV 드라마 〈600만 불의 사나이〉에 빠져 있던 6살 소년이 초인적 능력의 주인공처럼 점프해보겠다며 뛰어내려 숨지고 말았다. 다음 날 주요 일간지에 톱 기사로 '어린이가 TV에 너무 몰입했을 때 생길 수 있는 불행의 극치'라며 보도됐다.

그 여파로 미국 공상과학 드라마의 부작용이라는 여론이 일자 모 신문은 〈600만 불의 사나이〉, 〈원더우먼〉 등의 극본·연출을 맡았던 윌리엄 제카까지 만나 "당신이 쓴 드라마 흉내를 내다가 한국 어린이들이 추락사했다. 어떻게 생각하느냐?"는 '추궁성' 질문을 했다고 한다. "이런 일을 일반화해선 안 된다. 가공의 세계라는 사실을 어린이에게 가르쳐줄 의무는 부모에게 있다. 그 책임을 매스미디어에 전가해서는 안 된다"라는 '항변'을 들었다는 믿거나 말거나 식의 전설도 내려온다.

이런 웃지 못할 사고는 사라진 듯하였으나 최근 일본 오사카에서 6세 소녀가 만화영화 주인공을 흉내 내다 43층 아파트 발코니에서 떨어져 사망했다는 뉴스를 접하기도 했다. 이처럼 극소수 어린이들은 TV나 영화 속 주인공처럼 하고 싶을 거다. 그러나 아이들은 주인공이 아니다. 그들이 맞는 위험은 현실에서는 말도 안 되는 팩트이다. 이런 현상이 어린이들에게만 있는 것일까?

서울 가본 놈과 안 가본 놈이 싸우면?

최근 넷플릭스에서 시청수가 폭발하고 있다는 드라마 하나가 화제다. 몇 년 전 만들어진 웹툰 〈D.P 개의 날〉이 원작이다. DP는 군무이 탈체포조로 'Deserter Pursuit'의 약자이다. 탈영병을 잡으러 다니는 병사로 군 생활을 한 작가가 경험을 토대로 만들었다고 하니 일부는 그의 시각에 비친 팩트일 것이다. 그렇다고 전체가 사실은 아닐 것이다. 픽션Fiction인 것이다. 논픽션Non-fiction이 아니라.

논픽션은 픽션이 아닌 것, 즉 사람이 상상해 창조하지 않은 것을 말한다. 다큐멘터리, 실화를 바탕으로 한 드라마 또는 소설 등이 대표적인 논픽션 작품에 속한다. 논픽션 작가는 스스로가 자신이 알거나 믿는 사실을 바탕으로 작품을 만들지만, 작가가 믿는 것과 현실과의 차이, 또는 잘못 알고 있던 사실로 말미암아 그 내용이 실제와 차이가 있을 수도 있다.

"서울 가본 놈하고 안 가본 놈하고 싸우면 서울 가본 놈이 못 이긴다."

실제로 해보거나 직접 눈으로 본 사람은 사실대로만 말하지만, 실제로 해보거나 직접 눈으로 보지 아니한 사람은 오히려 더 그럴듯한 이론이나 과장된 이야기를 해서 더 그럴싸하고 더 엄청나게 말함을 비유적으로 이르는 말이다. 서울을 안 가본 사람이 보기에는 직접 가본 사람이 기억을 더듬고 생각하는 모습보다 확신에 찬 안 가본 사람 말을 더욱 신뢰할 수도 있는 것이다.

이것은 현실에서도 그대로 나타난다. 남자들 대화에서 빠지지 않는 주제가 군대 이야기이다. 특히, 술이라도 한잔 걸치면 그 영원한 안주거리는 커지고 종류도 다양해진다. 기억 속의 사실들은 얽히고설켜서 뒤죽박죽이 된다. 기억 왜곡현상이 발생하는 것이다. 과학적으로 인간의 두뇌는 연속적으로 기억하지 못하고 조각으로 저장한다고 한다. 이는 시간이 지날수록 편집되거나 왜곡된다. 누군가 선명하게 과거를 기억하고 있다면, 그것은 오랜 시간에 걸쳐서 편집되고 왜곡되었을 가능성이 높다.

"총알이 머리 위로 날아다니는 곳을 포복으로 기었다."

누가 이런 말을 한다면 어떻게 보아야 할까? 결론부터 말하면 '그런 훈련은 없다'라고 단언할 수 있다. 일반 부대에서 철조망 하단 통과 같은 훈련은 하지도 않는다. 신병훈련소에서나 했을 것이다. 갓 입대 후 군대에 왔다는 긴장감, 급변한 문화적 충격, 실전과 같은 훈련을 시키려는 조교들의 일명 '뻥'이 뒤섞인다. 거기에 더해 자대에서 받은 사격 훈련 등 기억의 조각들이 영향을 미쳤을 것이다. 만약 철조망 통과 훈련 때 기관총 소리를 들었다면 그것은 공포탄 소리나 녹음된 음향이었을 것이다.

거짓 또는 진실, 왜곡과 오해, 그리고 과장에 대한 팩트 체크!

넷플릭스 〈D. P.〉를 보았다. 이와 관련한 이야기들이 군 내외에서 난무하고 묻는 사람도 많아 볼 수밖에 없게 된 것이다. 서울 안 가본 사람의 말을 서울 가본 사람이 말싸움에서 이기기 위해 다시 가보는 것 같은 창피한 기분도 들었다. 약 21~24개월 정도를 병사로 복무한 원작자의 작품이 너무나 화제가 되어 왜 그런지, 이런 현상의 원인은 무엇인지 궁금하기도 했다. 인터넷을 뒤적이며 뉴스 기사도 보고 작품평도 보았지만 대화를 하기에는 부족했다. 국방 전문기자니 군필기자니 하며 나름 경험담도 덧붙이고, 거기에 댓글도 시끌벅적했다. 드라마는 자극적이어야 사람들의 입방아에 오르고 그래야 흥행이 되는 것을 고려하면 일단은 성공한 작품인 듯했다.

"정말 군대가 저래?"
"진짜야. 드라마 보니 PTSD(외상후 스트레스 장애) 올 것 같아."

어느 신문에서는 "진짜 군대, 그 날것의 묘사에 여성들은 충격을, 군필자들은 PTSD를 호소한다. 그동안 군대에서 연애하는 드라마들과는 다른 '하이퍼 리얼리즘(극단적 사실주의)'이다"라고 평가하는 것을 보고는 깜짝 놀랐다. 여기에 군복을 여태껏 입은 직업군인으로서의 입장을 묻는다면 '안타까움과 반성'이다.

드라마의 주된 배경은 2000년대 강원도의 어느 헌병부대라고 한다. 한 병사가 보충대 입소로부터 자대 배치, DP로 임무수행하면서 겪는 에피소드를 극화한 작품이다. 작가의 경험과 사실을 기초로 극화했다고 한다. 그래서일까? 언론에서 극사실주의 작품이라고도 평한다. 현실에 실재하는 것(혹은 그것을 촬영한 고화질 사진)을 회화나 조각으로 완벽히 재표현하는 것을 추구한다는 그 용어를 왜 사용할까? 도대체 드라마티제이션된 작품이 얼마나 사실 같으면 그럴까? 궁금해서 안 볼 수가 없었다.

1회부터 6회까지 단숨에 이어 보았다. 그만큼 완성도가 높고 지루하지 않게 잘 만든 작품이라는 것에는 공감이 되었다. 다만 보충대 입영 시 장군도 없는데 장성기를 신고식장에 비치하거나, 장정 신분의 기간을 건너뛰고 바로 훈련병이 되는 것, 생활관에서 아무렇지도 않게 하는 원산폭격, 조교가 임의대로 훈련병의 식사시간을 통제하는 것, 신병 병과 분류를 주먹구구식으로 하는 것 등은 눈에 거슬렸다. 그 외 병영 부조리를 포함한 나머지 대부분은 어느 정도 그럴싸하게 연출되었다. 특히, 보고 있노라면 소름도 돋는다.

'내가 그 주인공이라면…….'

그 당시 사건·사고 속보나 현장에서 전해 들어본 적 있는 사례들이 대부분이었다.

없는 이야기는 아니다. 그렇다고 전부도 아니다.

특히, 병영 부조리에 대해서는 여러 생각들이 머리를 복잡하게 했다. 그러나 분명한 한 가지는 병영 부조리에 대한 책임은 지휘관을 포함한 간부들의 몫이고, 잠시라도 방심하거나 경계를 소홀히 하면 언제든지 여름날 잡초처럼 불쑥 커버린다는 것이다. 지난 군 생활을 돌아보아도 이것만큼은 확실하다.

90년대 초 소대장 때는 사실 뭘 아는 게 없었다. 군대에는 군기가 생명이고 강한 군기만이 힘들고 어려운 군대 생활을 잡념 없이 제대로 할 수 있게 하는 힘이라는 착각도 했었다. 그렇게 중위가 되고 대대 당직사령을 하게 되었다. 대령 이하 이등병까지 제일 힘없고 버림받은 군인들만 온다는 연대의 최격오지 주둔지를 가진 대대였다. 내려오는 이야기로는 6·25 때 포로수용소 자리였다고 했다. 읍내까지 나가려면 택시비만 2만 원이었던 것으로 기억난다.

그런 지형적 영향 때문인지 모두가 거칠었다. 병사들이 호주머니에 손을 넣는 것은 흔한 모습이었다. 저녁 점호가 끝나도 기타 치며 노래를 부르거나 바둑을 두기도 했다. 심지어 아침 점호 후 뜀걸음에서 발도 맞추지 않고, 춥다고 내복을 입은 채로 알몸 구보를 하기도 했다. 함무라비 법전처럼 대응했다. 다음 날 일과 시작 전까지 기타 치며 노래하게 했고, 밤새 바둑을 두게도 했다. 문란한 뜀걸음 질서에는 시범 케이스로 얼차려를 주고, 호주머니는 꿰매게 했다. 지도하는 말은 투박했고 날선 칼끝 같았다. 이후 식당 갈 때는 주변에 병사들이 보이지 않았다. 취침 10분 전부터 최동북단 태백산맥 자락의 한 주둔지는 침묵만이 흘렀다.

중대장이 되어서는 구타 및 가혹행위 내부 소탕전에서 승리했다고 자부했다. 또한 당시 기준으로 일체의 부조리가 없었다. 그렇게 믿었다. 2차 중대장 때도 그랬다. 없는 줄 알았다. 방심이었다. 보직 만료를 앞두고 교육계가 조심스레 귀띔해주었다.

"○○○일병이 선임들 때문에 힘들어하는 것 같습니다."

이후 면담을 했고 구타나 가혹행위 받은 것을 육하원칙하에 쓰게 했다.

작성하지 않으려 했다.

"안 써? 너도 그놈들과 똑같은 놈이야!"

"……."

그가 왜 쓰지 않으려 했는지 그때는 몰랐다. 요즘도 주변에 자주 나오는 말이 있다.

"가까이 있는 사람, 하루 중 가장 함께하는 시간이 많은 사람에게 잘해야 한다."

그는 알고 있었다. 일과시간에는 전권을 휘두르는 중대장일지라도 그는 퇴근한다. 그 이후 시간은?

"병영 부조리는 잘못된 것이다. 불의에 침묵하며 참거나 모른 척한다고 해서 죄가 없는 것은 아니다. 내가 그러지 않으면 된다는 생각은 공범이다. 잘못된 것을 바로잡으려 하지 않는 것도 잘못이다. 뭔가를 바꾸려면 반드시 희생이 따른다. 그것이 싫다면 너도 똑같은 놈이다."

설득과 협박을 통해 고구마 줄기 캐듯이 파헤치기 시작했다.

"그런 상황에서 누가 있었냐? 그것도 써라!"

몇 장의 확인서를 받았다. 전 중대원을 모아놓고 똑같이 교육했다. 결과는…….

자괴감이 들었다. 이제 보직도 만료되어가는 시점에서 200여 장이나 되는 진술서를 보았다. 〈D. P.〉에 나오는 거의 모든 것들이 포함되어 있었다. 누가 가해자고 피해자인지 구분되지 않았다. 중대원 거의 모두가 가해자인 동시에 피해자였고 극소수만이 방관자였다. 부임 초 이와 같은 조사와 후속조치를 통해 부조리 없는 청정 중대라고 안심했던 방심의 결과였다. 불과 10여 개월 만에 잡초는 무성해 있었던 것이다.

발본색원이라는 말이 있다. 뿌리째 뽑아야 폐단이 없어진다는 말인데 병영 부조리는 그걸로도 안 된다는 교훈을 얻었다. 뿌리가 없어지더라도 흙 속에 숨어 있는 씨가 자라거나 어디선가 날아온 씨가 뿌리내리듯이 그 생명력은 불사신보다 더한 것임을 알게 되었다. 농부가 밭을 살피고 뽑고 농약을 치고 해도 그 노력조차 부족함을 알았다.

내무 생활이 훈련보다 힘들다?

대대장으로 취임했다. 중대장 보직 만료한 지 약 10년만에 젊은이들을 현장에서 지휘하게 되었다. 전군에서 유일하게 강습대대라는 이름을 가진 부대였다. 전임자가 나름 너무나 FM대로 숨 쉴 틈 없이 지휘하다 보직 해임된 부대였다. 사격장에서 한 명의 병사가 본인의 총으로 불의의 객이 되었고, 이를 조사하는 과정에서 지휘관은 부하들이 말을 듣지 않았다고 한 것이 결정적인 이유였다고 전해 들었다. 부대의 첫인상은 이상했다. 특공부대보다도 전투력이 막강해야 할 부대가 5분 전투대기 소대 임무도 해제되고 주임원사를 포함한 행정보급관 등 부사관 다수가 문책성 전출로 교체된 상태였다.

주변에서는 이런저런 병영 부조리가 많고 자기 지휘관을 교체시킨 군기도 문란한 부대에 왜 왔냐며 걱정도 해주었다. 사실 기계화 부대로 예정되어 있었다. 신임 지휘관이 취임 후 정상적인 연말 교체까지 장기간 대리근무 체제로는 더 이상 안 된다며 지명하는 바람에 어쩔 수 없이 맡게 된 것이다.

부임 후 먼저 친해지기 위해 노력했다. 다시 창설한다는 생각으로 체육활동과 간담회, 저녁에는 소주 한잔을 곁들인 식사가 이어졌다. 한두 달 정도 되니 조금씩 마음을 열어주기 시작했다. 떨어진 사기와 자긍심, 소속감을 정상화시키는 방법을 같이 고민했다. 부대원들의 공통된 대안은 훈련이었다.

"군대가 왜 힘든가? 훈련이 힘든 게 아니라 내무 생활 때문에 힘든 것이다."

강한 훈련을 통해 서로서로를 끈끈하게 묶는 것이 최선이라는 결론을 내렸다.

최근 소대장으로 있었던 전우와 〈D. P.〉 드라마와 관련해서 병영 부조리 이야기를 나눴다.

"그때는 장교나 부사관, 병사 모두가 몸이 힘들었습니다. 전장극복훈련, 참호격투 리그전, 장거리 침투훈련, 낮에는 PT체조와 장애물 극복훈련, 야간에는 목표지역 습격훈련이 밤새 이어진 유격훈련, 축구 리그전, 대항군 임무 시 발각되거나 포획되면 뒤따르던 대대장님의 공식적 갈굼(?) 등으로 병사들이 누구를 괴롭힐 여유가 없었습니다. 간간이 발생하는 마찰도 있긴 했지만 부조리라기보다는 청소 임무분담 소홀, 참호격투 시 보이지 않는 반칙 등에 대한 갈등 등이었습니다. 일부 하사들이 개인 심부름, 일과 중 핸드폰 게임 등 문제도 있었지만 정말 모두가 몸이 힘들었습니다. 게다가 맨날 몸 쓰는 아이들에게 조금이라도 갈등이 식별되면 며칠간 체력단련도 없이 병영 부조리 척결 토론회를 일과 8시간 동안 해야 했던 것들이 얼차려보다 힘들었다고 합니다. 소문에 듣기로 처음 오셔가지고 소대 하나를 해체시켰던 영향도 있었던 것 같습니다."

10여 년 전 소대장과 대대장으로 처음 만나 지금은 소령(진)과 대령으로 도봉산 중턱 바위에 앉아 병영 부조리를 주제로 푸념을 하는 모습이다. 간간이 나라 걱정도 하며 가을 하늘 아래 멀리 능선 따라 서울시 전경을 보기도 했다.

"우리나라 정말 좋은 나라다. 지금은 다소 어렵고 어수선한 시기지만 지금껏 그랬던 것처럼 잘 이겨낼 거야."

두 군인의 대화는 어쩔 수 없다. 지형을 보며 6·25 때 북한군의 남침 경로, 당나라 군대, 포천-의정부 지구 전투, 종전선언 여파 등 이 좋은 경치와 어울리지 않는 이야기를 하고 있다. 한참을 돌아 다시 드라마 이야기로 돌아왔다. 군인들도 주변에서 〈D. P.〉에 대한 다양한 반응을 듣고 있다.

"작가가 헌병대 DP 출신이라고 알고 있습니다. 여러 가지 상황을 엮어서 이야깃거리로 만들었는데 한마디로 너무 허구성이 많고 작가가 흥미와 인기 위주로 관심을 끌어보려는 의도를 엿볼 수 있습니다. 이런 영화나 웹툰들이 군의 사기저하에 일조를 하고 있는 것 같습니다.

없는 이야기는 아니고, 여러 사실을 하나로 묶어서 말하니 군대가 모두 썩은 것처럼 보이는 착시효과라 봅니다. 건전한 99와 나쁜 1 중에 나쁜 1만 집중적으로 말하는 것이죠. 그렇다고 완전히 없던 사실도 아니니 거짓이라 할 수도 없고. 군대를 비하하는 전형적인 선전선동 방법입니다."

"순간의 유혹을 이기지 못하고 탈영을 택한 그 청년도 이유가 있었을 건데⋯⋯. 나는 어릴 때 책을 워낙 좋아해서 사극을 잘 보질 않았어. 드라마로 본 사극은 허구를 많이 집어넣어서 그럴싸하게 꾸미는데, 사람들은 그것을 진짜로 믿고 있어서 역사를 책으로 읽은 사람보다 선명하게 허구를 기억하니까 그 사람들이 말을 더 잘하더라."

지금까지 국방부와 각 군에서는 폭행, 가혹행위 등 병영 부조리를 근절할 수 있도록 지속적인 병영 혁신 노력을 기울여왔다. 잘 알려져 있듯이 일과 이후 휴대전화 사용 등으로 악성 사고가 은폐될 수 없는 병영 환경으로 현재 바뀌어가고 있다는 점을 말씀드린다.

말없이 나라 지키는 군인도 있다

국방부에서도 이례적으로 반응을 보였다는 소식도 들렸다. 드라마는 드라마인데…….

군대가 존재하는 본질은 '싸우면 이기는 것'이다. 군대 조직에는 여느 조직과 다른 몇 가지 특성이 있다. 일사분란한 지휘체계, 합법적인 무력집단, 누군지도 모르고 자신들을 비하하는 사람일지라도 보호하고 지킨다는 것. 그리고 너무나 많은 수의 다양한 신분으로 구성된다. 그렇기 때문에 말도 많고 탈도 끊이지 않는다.

탈영이란 것도 군대에만 있는 단어이다. 다른 집단이라면 무단결근, 잠적, 노쇼No Show, 잠수 등으로 표현될 것이다. 자신이 속한 집단에서 자의적으로 벗어났다고 추적하고, 잡아서 처벌도 한다. 그렇다고 범죄 조직은 아니다. 모병제를 하는 미군, 병영문화가 선진화되었다는 다른 선진 군대에서도 탈영은 존재한다.

군대에 안 왔으면 탈영도 안 한다? 맞는 말일 수 있다. 폐쇄적이면서 후진적이고 말도 안 되는 부조리 때문에 어쩔 수 없이 그렇게 할 수밖에 없었다? 그렇다면 그렇게 하지 않은 사람들은 무엇인가?

겨우 드라마 한 편 보고 목숨 걸고 집 지키는 충견의 나쁜 버릇을 없애겠다고 때리기만 할 것인가?

물을 소가 마시면 젖이 되고
뱀이 마시면 독이 된다

잘 아는 선배로부터 문자 메시지가 왔다.

'김 대령님! ○○○대령입니다. 오늘 오후에 뵐 수 있나요?'

특별히 볼 일이 없는데 이상한 느낌이 들었다. 용건도 없이 보자고? 잠시 생각하다 답을 했다.

'네. 13:25 사무실에서 뵙겠습니다.'

가는 발걸음이 편하지 않았다.

노크하고 들어가 커피를 같이 마셨다.

"요즘 어떻게 지내요?"

"형수님 건강은 어떠신지요? 연말에 어디로 가십니까?"

"좋은 시간도 벌써 반을 넘었네요?"

"네, 아쉽습니다."

정겨운 이야기들을 주고받는 훈훈한 선후배 모습처럼 보였다.

"논문 주제는 잡았어요?"

"그건 표절에 엮일 수 있어서 정책보고서로 하려 합니다. 이미 컨셉은 잡았으나 별 관심 없습니다."

"책을 쓰고 있기 때문인가? 출력물이 많아요?"

"네, 종이로 보는 게 그래도 편합니다. 오타, 띄어쓰기 등 기초가 약해서리……. ○○과에서도 출력하고 링 바인더도 하고, 도움 준 직원들 밥이나 한번 사려고 합니다. 개중에는 딸 같은 아이도, 조카 같은 친구도 있어 고맙다고 밥이나 사려고 하는데 바쁜가 봅니다."

"요즘은 밥 산다 해도 좋아하지 않습니다."

"알고 있습니다. 저도 작년 말까지 선배님 지금 하는 일 같은 거 많이 했습니다."

"맞아요, 주변에선 뭘 해도 말들이 많죠!"

무슨 말을 하려는지 조금씩 파악되기 시작했다.

"아, 네~~. 그 친구 불쌍합니다. 치유되지 않은 트라우마가 있는 듯합니다. 선배님도 고생이 많으십니다."

오가는 대화 속에 서로가 할 말은 다 했다. 말도 안 되는 이야기를 들어 속이 상했지만 짧은 인생, 귀한 시간을 낭비하고 싶지 않았다. 그래도 '아니 땐 굴뚝에 연기 날까?' 혹 오해 살 만한 일이 있는지 돌아보았다.

동기가 과장인 사무실에서 가끔 인쇄와 세절, 링 바인더를 했었다. 핸드폰 메모장에 짬짬이 써둔 글을 모아 한글 파일로 옮겨 정리하다 보니, 파일이 깨지기도 하고 오타, 띄어쓰기 등 손볼 것이 많았다. PC 화면을 보면 눈도 아프고 집중력도 떨어져서 어쩔 수 없이 종이 출력물을 활용할 수밖에 없었다.

거의 매일 수정하고 보완하였다. 그러던 중 사람은 없고 문이 잠겨 있어 근처 사무실을 찾았다. 특별한 일 없이 빈둥거리던 신입이 있었다. 프린터 좀 하고 바인더를 하려 한다 하자 도와주겠다고 했다. 무슨 일을 하냐 물었더니 양성평등 업무를 하며 최근에 임용되었다고 했다. 그 외에는 주변 동료들 보조한다고도 했다. 일반 부대 같으면 다른 업무도 하는데 좋은 곳이니 즐겁게 일하시라 했다.

전 부대에서도 이보다 훨씬 많은 인원을 대상으로 업무를 하고 추가해서 다른 업무를 하면서도 여유가 많은 직책이다. 역시 국방부 직할 부대라고……. 역시 군대는 상급 부대가 좋은 것 같다. 요즘 일자리가 없어 만든다고 하더니 한 사람이 해도 될 일을 두 사람이, 세 사람이 하는 꼴이다. 잠시 딴생각을 하며 한눈을 판 사이 역시나 좌우를 헷갈려 구멍을 뚫었다. 옆에 있던 다른 이가 다시 출력을 했다. 링 바인더는 시간이 좀 걸릴 듯해서 양해를 구하고 강의실로 옮겼다. 일정이 어긋나 며칠 있다가 찾을 수 있었다.

그 둘에게 식사로 감사함을 표현하려 한 것이 잘못이었던 것 같다. 제대로 하지도 못하고 시간도 낭비했지만 누군가가 귀한 시간과 수고를 사용했으니 성의 표시는 해야 할 것 같았다. 비록 엉성하고 어설픈 수고이지만…….

그런데 선배는 이상한 소리를 한 것이다. 마치 여성에게 추근대었다는 오해를 사고 있는 것처럼 말을 돌려가며 이야기를 했다. 이해가 되지 않았다. 성인지에 어긋나는 표현을 했으면 당연히 사과하고, 혹 정도가 심하다면 책임지면 되는 일이다. 그 선배도 특정한 용어나 행위가 있었느냐 따지자 말을 못 했다. 그렇다면 뭐 다른 게 있나? 주고받던 메시지가 이상했나? 밤늦게 보냈나? 말을 이상하게 했나? 카톡 메시지를 살펴보았다. 객관적인 법률로는 문제가 없다. 22시 다 되어 메시지를 받았다. 그래서 답신한 것이다. 오해 소지가 있는 이모티콘을 보낸 것도 아니다.

기분이 좋지 않다. 마치 세차하자마자 새똥 맞은 차를 보는 것 같다. 창피하고 더러운 느낌이다. 이런 일은 무책임한 사람들이 만드는 것이란 생각도 든다. 그 선배같이 엉성한 성인지교육을 받은 사람들이 있기 때문이다. '성 관련 문제는 인지 즉시 보고한다'라는 단편적인 문구를 우물 안 개구리처럼 받아들인 결과이지 않나?

오해나 착각, 자신만의 세상에 빠져서 허우적거리는 불쌍한 사람을 이해시키거나 구해줄 노력은 하지 않고 영혼 없이 기계적인 반응을 조치랍시고 믿는 것이다. 생각 없는 언행이 이간질이 될 수도, 불협화음을 만들어 사람 간의 관계를 어긋나게 할 수도 있음을 모르는 것이 안타까울 따름이다.

자세한 내용은 확인도 안 하고 같은 자극에 길들여진 '파블로프의 개'가 떠올랐다. 누구를 비난하면 돌고 돌아 다시 그 본인에게 온다는 말이 있다. 그런데 누구를 헐뜯지도 욕하지도 않았지만, 마음에 독을 맞은 것처럼 반응이 되었다. 마치 그 실험용 개처럼 듣기 싫은 말, 비난을 받자마자 조건반사적으로 반응되었다. 화가 났다.

그러면서 또 떠오르는 속담 하나!

"물을 소가 마시면 젖이 되고 뱀이 마시면 독이 된다."

한국 속담으로, 불교 문헌 《초발심자경문初發心自警文》에 적힌 구절인 '우음수성유 사음수성독牛飮水成乳蛇飮水成毒'에서 유래한 속담이다. 직역하면, '소는 물을 마시고 젖을 만드나 뱀은 물을 마시고 독을 만든다'이다. 이것이 약간 변형되어 지금의 형태가 되었다. '같은 물이라도 벌이 먹으면 꿀이 되고, 뱀이 먹으면 독이 된다'는 쿠르드족 출신 터키인 사이드 누르시의 말도 있다.

사람의 영혼은 볼 수가 없다. 감추고 속이는 것이 너무 많다. 때로는 흰색, 검은색, 노란색 등 색옷으로, 또는 젊음이나 늙음을 이용할 수도 있다. 마치 화려한 꽃무늬로 위장한 뱀이 자기가 꽃인 줄 착각하는 것 같다. 짙은 화장을 자신의 민낯과 헷갈리는 사람을 잘 구별해야 한다. 뱀인지? 벌인지? 소인지?

선의를 뱀처럼 받아들이면 물조차 얻어먹기 힘들다. 뱃속이 꼬인

배알로 가득 차 있으면 아무리 좋은 것을 먹여주어도 독보다 더한 것만 나올 뿐이다. 이런 영혼을 가진 이의 말은 독보다 무섭다. 조심하고 또 삼가야 할 것이다.

아무리 꽃무늬로 치장했더라도 뱀은 뱀이다. 어찌 보면 다행이라 생각도 된다. 만약 이런 것에게 물이라도 먹였더라면 아마 물려서 온몸에 독이 퍼졌을 수도 있을 뻔했다.

삐딱한 영혼의 입에서 나오는 말은 독보다도 무섭다!

누군가를 도울 기회는 많지 않다!

　나만의 동굴을 찾아 밖으로 나왔다. 언제부터인가 이런저런 스트레스로 기분이 태도가 될 것 같은 느낌이 들면 혼자 있는 시간을 가지는 버릇이 생겼다. 그들을 피해 자연과 대화하다 보면 언제 그랬냐는 듯 평상심을 갖게 된다.

　나만의 동굴 여기저기를 다니다 보니 땅에 의지해 찬 바람을 이겨낸 것들이 꿈틀거리는 모습도 보이기 시작한다. 바짝 말랐던 앙상한 나뭇가지에는 희미하게 작은 초록색 망울들이 보일 듯 말 듯 올라온다. 분명히 이 봄은 대부분 사람에게 희망을 줄 것이다.

　엉클어진 상념은 계절의 변화를 느끼며 조금씩 정리가 되기도 했다. 다시 동굴 밖으로 나오는 길에, 늘 달리는 차 안에서 시간에 쫓기며 피로에 젖어 지나치던 곳이 눈에 들어왔다. 작전지역 내에서 적이 이용할 만한 곳이면서 조선을 세운 이성계의 마지막 안식처였던 곳을 가보자 했다.

갑작스러운 말에 길을 잘못 들었다.

"전화 받고 문자 오는 거 답하다 보니 말을 못 했네. 야야, ○○아, 저기서 차 돌려. 아니면 계속 직진해도 돼!"

군인이 역행군을 할 수는 없잖은가?

"계속 가."

조금만 더 가다가 보면 돌아 나올 수 있다는 것을 알았기 때문이다. 그렇게 길 따라 올라가는데 웬 민간인이 어두운 손짓으로 차를 세운다.

"죄송합니다. 뭐 좀 여쭤봐도 될까요?"

"네, 그러세요."

"저희 아들이 병원에 입원했는데 걱정이 되어서요."

"해당 부대에 문의하시면 되는데."

"그게 부대도 그렇고 만나는 군인들에게 물어도 대답을 안 해줘서요. 답답해서 한 달째 절에 다니고 있습니다. 저희 아들이 이번에 육사를 졸업했는데 졸업식도 못 하고 수도 통합병원에 입원해 있습니다. 4월 3일까지만 ○○학교에 들어오면 된다는데……."

이럴 때는 어떻게 해야 하지?

"잠시만 기다려주세요. 잠시 올라갔다 올 테니까요."

세상이 워낙 어수선하니 만나는 사람들이 조심스러웠다. 그렇게 하고 차가 갈 수 있는 곳까지 갔다. 인기척 하나 없는 큰 절이 나왔다. 차는 내려보냈다. 해우소도 다녀오며 어떻게 해야 할지 생각했다. 엉뚱한 생각이라도 할 것 같은 표정, 다급한 말투, 그 간절함이 떠올랐다. '혹 이러다 선의가 악용될 수도 있겠지만 세상에 태어나 누군가에게 작으나마 도움이 된다면, 또 그럴 기회도 많지 않고 그럴 능력을 갖춘 것도 감사한 것이지……'라는 생각이 들었다.

차로 왔던 길을 걸어서 내려가다 보니 적송의 의연한 자태, 많은 미세먼지에도 그들로 인해 여기서는 신선한 호흡을 할 수 있음에 감사했다. 길가에 흐르는 계곡물 소리에 가재 잡던 어린 시절도 떠올려보았다. 그렇게 걷다 보니 저만치서 운전병과 한탄하듯 이야기하는 그 사람이 보였다.

"오래 기다리셨죠? 화장실 찾다 보니 좀 늦었네요."

"아닙니다. 제 아들이 육사를 졸업했는데 병원에 입원해서 졸업장, 임관사령장도 전해 받았습니다. 몸이 부어 서울대에서 검사를 받았는데 결과에 따라 군 생활을 못할 수도 있다고 하고, 지금 붓기도 다 빠졌는데 결과 받고 다 나아서 오라고 합니다."

같이 임관한 동기들은 정상적으로 교육을 받고 있는데 병원 검사 결과가 나올 때까지 무작정 기다리다 보면 교육 일수를 못 채워 인사상 불이익을 받을까 걱정하고 있는 모습이었다.

"뭐 미세 신장 증후군인가 뭐라 합니다. 그 아이는 제 아들이라서 그런 게 아니라, 학교 다닐 때부터 오로지 한 길만 보고 시키는 대로만 했습니다. 고등학교도 특목고인데 들어갈 때 4등, 졸업은 3등으로 했고요. 아직 피어보지도 못하고……. 걱정이 되어서, 제가 근처에 일하러 다니는데 손에 잡히지도 않고 잠도 못 자고 해서요. 한 달째 여기에 와서 빌고 있습니다."

"아이는 어떤가요?"

"이것 때문에 뒤처질까 걱정입니다. 그 아이는 제 자랑입니다. 입학할 때 얼마나 자랑스러웠는지 친구들도 한턱내라 하고, 근데……."

"에이, 혹 종교가 무엇입니까? 저는 겉만 크리스천입니다. 마음이 안 좋을 땐 절이 좋긴 하죠. 그렇다고 돌에게 빌어봐야 뭐 합니까? 제가 보기엔 아버님 마음이 중요한데, 그래야 그 친구에게 안정도 줄 수 있고. 근데 갑자기 몸이 그렇게 되진 않았을 건데요?"

"미스터 육사인가 뭔가 한다고 두 달 전부터 밥도 안 먹고 식단조절을 했다고 하네요."

"결식했네요. 규정도 안 지키고, 훈육관들에게 승인도 안 받고……."

"330명인가 입학했는데 한 60명 퇴교했다고 하는데, 제 아들은 모범적으로 했습니다."

"거기 졸업하는 아이들은 다 그렇습니다. 너무 자랑스럽고, 기대가 크신 건 아닌가요?"

"저희 집안엔 그렇게 공직에 내세울 사람도 없는데……. 어떻게 방법이 없을까요?"

지인에게 전화해서 어떤 상태인지 확인하고 한번 찾아가 격려도 해달라고 했다. 결과에 따라 어떻게 될 것이고, 이걸로 군 생활에 큰 장애는 없고, 몸이 우선이니 본인이 어떻게 할 수 없는 걱정으로 스트레스 받으면 회복에 도움만 안 된다, 올해 체력검정은 군이 안 해도 군의관 진단서로 대체되고, 혹 ○○학교 입교가 늦어지면 좀 대기하다가 다음 기수로 입교하면 된다는 것들을 설명해주었다. 얼굴이 밝아졌다.

"이게 다 부처님께 불공드린 덕분이네요."
"사실 제 덕분 아닌가요?"
"맞지요. 부처님이 대령님을 만나게 해주셨으니……."
잃어버린 멘탈을 찾은 듯 보였다. 혹 나중에 궁금한 게 있으면 연락하라고 주임원사가 가지고 있던 명함을 주었다.

오는 길에 같이 있었던 이들도 한마디씩 한다.
"오늘 큰일 하셨습니다. 저 사람은 오늘 곗돈 탄 날입니다. 부처님께 공들인 보람이 있다고 생각하겠습니다."
"완전한 불자가 되겠습니다."
운전병이 말했다.
"아침에 연대장님 명함을 챙긴 것도 그렇고 제 핸드폰 집에 가지고 있었던 것도, 참 인연이라는 게 있나 봅니다."

"아까 저하고 이야기하는데, 연대장님 안 내려오시는 거 보니 안 보시려고 하는 것 같다고 하길래, 만약 그럴 거였으면 저만 내려보내지 않았을 거라 말해주었습니다."

"역시 ○○이는 똑똑하단 말이야!"

이런저런 대화를 하며 복귀했다. 아들의 건강이 우선일까? 동기들보다 처지는 것이 문제일까? 미스터 육사를 위해 식단조절, 보충제까지 먹으며 목적을 이루어야 할까? 혹 군 생활도 그럴까? 자신이 갖지 못한 것을 아들에게 투영하는 것은 아닐까? 이유가 어찌 되었건 자식을 걱정하고 위하는 아버지 마음을 알까? 차창 너머로 참 여러 가지 생각이 꼬리에 꼬리를 물고 따라왔다.

어찌 되었건 그 아버지의 어두운 얼굴이 밝아졌으니 다행이다.

계속 그렇게 되기를 바랐다. 아들이 아파 입원 중인데 해당 부대에 문의해도 제대로 대답해주지 않아 답답하여 아들을 위해 기도하러 절에 왔던 차에, 우연히 군용차를 발견하고 무턱대고 말을 걸어본 아버지의 마음이 조금이나마 가벼워졌기를 바란다.

'세상에 나와 조금이라도 무엇인가를 좋게 할 수 있다면 감사한 것 아닌가?'

군에서 상급자를 욕한다?

우리의 목표는 하나, 즉 국가와 국민, 상관에 충성을 다하고 부여받은 임무를 감사히 여기며 완수하는 것이다.

"우리는 법규를 준수하고 상관의 명령에 복종한다."

매일 아침저녁, 점호시간 등에 수시로 외치고 있다. 하지만 어느 조직이나 갈등은 있기 마련이다. 어떻게 극복하느냐가 중요한 포인트이다.

뒷담화도 좋은 방법이 될 수 있다. 그러나 그것은 너무 위험한 방법이다. 언젠가는 뒷담화하는 사람도, 그것을 듣는 사람도, 그 뒷담화의 대상도 알 수 있기 때문이다. 서로 아주 민망하고 가장 나쁜 상황으로 치닫는 경우이다. 가장 좋은 방법은 건전하게 그 대상이 기분 나쁘지 않은 범위 안에서 적절하게 알 수 있게끔 이야기해주는 것이다. 그렇지만 그 '기분 나쁘지 않은 범위'라는 게 정말 애매하다. 생각지도 않은 곳에서 상대는 기분이 나쁠 수 있기 때문이다. 서로를 잘 알지 못한다면 삼가야 한다.

사실 나도 그렇다.

상식적이지 않은 지시를 받을 때가 있다.

"뭐? 그분께서 이런 개념 없는 지시를 하셨다고?"

"그럴 리 없어!"

"참모들이 말귀를 못 알아들어서 그래!"

그럴 때는 서두에 누구의 지시인지 이야기하지 않는다. 일단 던지는 것이다!

그러고는 나중에,

"아! 그게 그분의 지시였어? 그럼 최선을 다해서 수행해야지! 몰랐네! 역시 내가 따라가기 너무 힘든 차원의 지시였다!"

군 생활을 하다 보면 불만이 없을 수는 없을 것이다. 그렇다고 불평불만이 입 밖으로 무심코라도 나오면 안 된다. 누군가 듣고 옮길 수도 있다. 아무런 생각 없이 내뱉은 한마디가 군 생활을 좌우할 수도 있기 때문이다. 입장을 바꾸어놓고 생각해보면 답은 명확하다. 부하가 자기에 대해 이러쿵저러쿵하는 소리를 듣는다면 어떨까?

"너희가 잠잠하고 잠잠하기를 원하노라. 이것이 너희의 지혜일 것이다." (욥기 13장 5절)

"말이 많으면 허물을 면키 어려우나 그 입술을 제어하는 자는 지혜가 있느니라." (잠언 10장 19절)

사람마다 관점이 다르다. 중요한 것은 지시한 사람과 따르는 사람 모두 기분 나쁘지 않아야 한다는 것이다. 물 흐르듯 자연스럽게 가는 것이 좋다.

병형상수兵形象水!

무릇 군대의 모습은 물을 닮아야 한다. 물은 높은 곳을 피하고 낮은 곳으로 흐른다. 군대의 운영도 적의 실한 곳을 피하고, 약한 곳을 공격해야 한다. 물은 지형에 따라 흐름이 결정되고, 군대도 적의 상황에 따라 승리가 결정된다. 부드럽게 임무를 완벽히 수행하는 것이다.

역경이란? 극복한 자만이 받을 수 있는 선물이다.

이해가 안 되는 임무가 주어지더라도 감사히 여기며 극복한다면? 그 역경은 극복한 자에게만 주어지는 선물이다!

상급자를 욕하고 싶을 때는 물처럼 조용히 기다려야 한다. 시끄럽게 하느니 침묵이 낫다.

인간사 모든 갈등은
먹고 사는 것으로부터

사람이 살아가는 데 있어 '먹는다'는 것은 생존과 직결되는 문제이다. 이는 기초적인 것이므로 군대에서 가장 먼저 해결해야 하는 것은 식사 문제이다.

매스컴이 발달하고 여러 스마트 기기들이 등장함에 따라 많은 소식이 대중에게 쉽게 전해진다. 그 소식 중에는 우리 군대의 특수성이 한 자리를 차지하고 있다. 그것은 바로 징병제이다. 징병제를 통해 20대 초반의 남성이 군대에 간다. 군대에서 조그마한 문제라도 발견되면 전 국민의 관심을 받게 된다. 그들은 누군가의 아들, 손자, 조카, 동생이기 때문이다. 군 문제가 대중의 주목을 한 몸에 받는다는 것은 이번 '격리 장병 부실 도시락' 문제가 입증했다. 장병들과 그 부모, 친지 그리고 정치인 등 전 국민의 관심을 집중시켰다.

군대에서 먹고 사는 것이 얼마나 중요한지를 보여주는 대표적인 말도 있다. 군대 하면 쉽게 연상되는 작전이나 경계보다 먹는 것의 중요성을 강조한 것이다.

"작전에 실패한 지휘관은 용서할 수 있어도 경계에 실패한 지휘관은 용서할 수 없다."

이 말의 정확한 근원은 알 수 없다. 단지 맥아더 장군이 강조한 말이라며 여기저기서 패러디되고 있다. 그러나 서적이나 발언록 등에서는 지금까지 확인되지 않고 있다. 단언컨대 이 표현은 맥아더 장군이 했을 리 없다. 그는 2차 세계대전 당시 일본군의 기습공격으로 필리핀을 잃었기 때문이다. 자존심 강한 그가 자신의 과오를 연상하게 하는 말을 할 이유가 없다. 그럼에도 불구하고 일반적으로 맥아더 장군이 한 말이라며 군인들이 새로운 버전을 만들기도 했다.

"경계 실패는 용서할 수 있어도 배식 실패는 용서할 수 없다."

그렇게 강조함에도 군대에서 배식 실패가 확인되었다. 이번에 제기된 부실 도시락 관련 뉴스들을 요약해보면 다음과 같다.
"양이 적다."
"메뉴가 부실하다."
"음식에 정성이 부족하다."

문제라고 제기된 내용을 보면 결국 병사에 대해 대우가 부실하다
는 결론에 이르게 된다.

실제는 어떨까?

"그렇다."

이게 답이고 사실이다.

한 병사의 SNS 한 번으로 시작된 군 문제는 대중의 주목을 한 몸
에 받게 된다. 결국, 언론이 관심을 보이며 대대적으로 보도했다. 어
느 부대에서는 핸드폰으로 촬영한 사진을 SNS에 올렸다며 징계하려
했다는 후속 보도도 나오기 시작했다. 먹는 것으로 시작된 문제가 엉
뚱한 방향으로 튀기 시작한 것이다. 먹는 것에서 시작되어 다른 분야
로 퍼져나가는 양상을 보이기 시작했다. 그만큼 먹고 사는 문제가 중
요하다는 것이 또 한번 증명된 것이다.

개인 의사와 무관하게 군대에 와서 밥도 제대로 먹지 못한다는 것
은 어떤 의미일까? 굳이 군대가 아니더라도 자발적인 결식이 아니라
면 참기 어려울 것이다. '다 먹고 살자고 하는 짓'이라는 말도 있다. 인
간이 태어나 살아가려면 먹지 않고는 불가능하다. 생존을 위한 필수
과제인 셈이다.

그렇다면 어떻게 해결할 수 있을까?

답은 너무나 간단하다. 먹고 싶은 걸 먹고 싶을 때 주면 된다. 그러나 그 쉽고 단순한 답을 아는 것과 실천하는 것은 너무도 다르다.

여기저기서 부실한 식사라는 사진이 난무하고, 불평이 점점 크게 들리기 시작했다. 구글과 네이버에 검색어 1위도 되고 시사 토크, 뉴스 등에서도 빠지지 않는 주제가 되었다. 드디어 높은 분들이 일하기 시작했다.

"국민 여러분, 죄송합니다. 개혁 차원에서 조치하겠습니다. 현장을 확인하고 조치하겠습니다."

온갖 말잔치가 난무한다.

말은 믿되 확인은 눈으로 하라!

징병제 시스템의 군대이다 보니 군내 특정 부대의 문제가 전 국민의 문제가 된 것이다. 어쩔 수 없이 급하게 움직이는 것 같다. 격리된 소수를 위해 추가 반찬이 생기고 급양이 늘어나는 등 병영 급식이 훨씬 개선되었다고 TV 화면 속에서 시끌벅적하다. 어떤 부대는 이를 입증하기 위해 매 끼니 사진을 찍는다고도 한다. 현장 점검과 확인을 병행해서 문책도 하고 개선책도 마련한다고 한다.

또 누가 바쁠까? 먹고 사는 문제에 관심 없는 척 잘하는 언론들이 제공되는 보도자료로 기사화하기 바쁘다. 전문적인 시각으로 진단하지 않고 문제가 있는 곳에서 주는 내용을 토대로 가십거리만 만들어 낸다. 군에 경험이 있거나 현재 몸담은 사람도 갸우뚱할 수밖에 없는 것들도 적지 않다. 해결방안을 모색하기 위한 본질을 볼 수 없는 것인지, 보지 않으려는 건지 의문이다.

추가 반찬, 잠시 늘어난 급양은 지금의 문제를 잠시 메꾸는 대안일 수밖에 없다. 부실한 장병들 반찬 상태를 보며 몇몇 전문가들이 해결책을 제안했다.

"급식비를 올리겠다."

해마다 급식 질 향상을 위해 달라지는 국방, 좋아지는 군대, 변화되는 국방 등 다양한 이름으로 국방 예산을 편성하고 연초 홍보되던 미사여구는 벌써 잊은 듯하다.

국군장병 급식 획기적 개선, 장병 처우 개선, 최고의 군 급식, 집보다 낫다, 군대리아 인기, 군 급식 조리대회, 장병 급식 모니터링단 현장방문……

나올 수 있는 단어들은 이미 거의 다 나왔다. 앞으로 같은 재료지만 새로이 만들어질 문구들을 예상해본다면?

계절별·시기별 선호도와 기호를 반영, MZ세대 장병에게 맞게 AI를 활용한 메뉴 편성, 신토불이 군대 밥상, 채식 위주 식탁……

본질은 그대로인데 약간의 양념이 뿌려진 말잔치가 풍성해질 것이다.

본질을 꿰뚫는 변화는 무엇일까?

생존경쟁이 치열한 기업과는 대응이 다르다. 과연 급식비를 올린다고 해서 이 문제가 해결될까?

사실대로 따지고 보면 군대 급식비는 적지 않다. 하루 8,790원이라는 급식비가 적다고 할 수 있는가? 순전히 원재료 값이다. 보통 가게를 운영할 때 음식 재료 값은 음식 값의 35%로 잡는다. 즉, 음식 값이 1만 원이라면 재료 값은 3,500원이다. 하루 세 끼를 먹는다고 하면 1만 500원이므로 군대 급식비와 큰 차이를 보이지 않는다. 한 끼 1만 원짜리 밥을 먹는 셈이다.

그런데 왜 자꾸 불만으로 가득 찬 목소리가 높아지는 걸까? 의문이다.

장병 급식은 국가 경제력과 거의 유사하게 변해왔다. 지금 군에 있는 젊은이들의 할아버지 세대 군대에서는 배가 고팠고, 아버지 세대는 맛이 없었다. 경제력이 발전하면서 양과 반찬이 늘었고, 심지어 민간 조리사에 영양사까지 추가되어 맛도 영양도 좋아졌다. 하지만 이것은 과거와 비교했을 때의 결과이다. 현재 장병들의 식사 문제를 해결할 수 있는 위치에 있는 사람들의 시각과 마인드로는 해결이 어려울 거라고 조심스레 예상해본다.

그동안의 가파른 경제성장을 통해 우리나라에서 배고픈 사람은 거의 없어졌다. 군대에서도 마찬가지다. 장병들을 배고프게 하지 않는다. 일부 극소수 부대에서 발생한 황당한 식사 문제의 본질은 병사들이 느끼는 박탈감에 있다.

'배고픈 건 참아도 배 아픈 건 못 참는다'라는 말이 있다. 스마트폰이 병사들에게 지급된 후, 병사들은 화면 너머 세상을 볼 수 있게 되었다. 그로 인해 그들이 누리던 자유를 회상하게 되었다. 이상에 대해 꿈꾸게도 되었다. 그러나 그들이 제공받는 식사는 어떠한가? 그들이 화면 속에서 보던 것과 같은가? 그들이 바라던 것과 같은가?

그들이 휴가 때 먹던 음식, 멋진 분위기는 없다. 동시대에 살면서 군대라는 다른 시대의 장소로 옮겨진 것이다. 그것도 극명하게 차이가 나는 곳이다. 환경이야 어쩔 수 없다 치더라도 매번 접하는 음식 맛까지는 양보가 안 되는 것이다. 먹는 것의 중요성을 실감할 수 있는 부분이다.

시대가 변하면 식사 문제의 핵심도 달라지기 마련이다. 20, 30년 전의 군대 식사 문제는 배고픔 해소, 그리고 다음 세대의 문제는 맛이었다. 지금은 기호에 따른 자유로운 선택이 핵심이다. 예전에 군 생활하던 이들이 "요즘 부대에 제공되는 반찬은 맛있다. 식당마다 급양조리사가 있어 식사가 훌륭해졌다. 왜 자꾸 식사 문제가 생기고 이를 국방부에서 사과하는 걸까?"라고 의문을 가지는 것은 문제의 본질을 파악하지 못한 것이다. 지금의 문제를 해결하기 위해서는 선택의 자유를 보장해야 한다. 그리고 과거와 달라진 현 세대를 받아들여야 한다.

이런 예는 역사에서 쉽게 찾을 수 있다. 조선이 서구 문명을 받아들여야 할 때 위정자들은 그들의 사욕을 위해 서학을 금기시하고 탄압했다. 민중은 서양 문물을 받아들일 준비가 되어 있었지만, 당시 기득권 세력들이 반발했다. 민중이 영리해지면 그들이 위협받기 때문이다. 이처럼 정책을 결정하는 사람들이 사심 섞인 결정을 내리거나 임시방편만 제시할 때 가장 피해 보는 이들은 민중이다.

병영 급식 문제도 이와 같다. 근본 해결책을 만들지 못하면 병사들이 피해 보고, 이는 결국 전투력 약화로 이어진다. 사소하게 보였던 급식 문제가 안보 문제가 되는 것이다.

인간이 살아가면서 의식주가 얼마나 중요한지는 새삼 두말할 필요가 없다. 군대에서는 특히 의(衣)와 주(住)는 거의 정해져 있는 상수이다. 변수는 먹는 것이다. 그러면서도 가장 민감한 부분이다. 이런 기초적인 것도 해소하지 못하는데 과연 누가 군대에 오고 싶을까?

모병제, 징병제를 따질 단계가 아니다. 식사 문제부터 다뤄야 한다. 먹는 것부터 차근차근 해결해나가야 한다. 그다음에 피복, 취침 등 기초적인 생활 분야를 개선해나가야 한다. 조금씩이라도 보다 더 좋은 환경을 만들다 보면 군인이라는 직업을 선택하려는 이들이 많아질 것이다.

식사 문제로 시작하여 더욱 건설적 방향으로 지금의 문제를 논의해야 한다. 모두를 그때그때 만족시키는 음식 메뉴를 단체 생활에서 제공하기란 쉽지 않을 것이다. 그렇기에 선택권을 줘야 한다. 미군들처럼! 그들은 식사 메뉴 선택의 자유가 제공된다. 심지어 전투식량도 개인의 취향과 기호, 입맛, 종교적 특수성까지 고려한다.

지금 우리는 부식을 일주일 전에 청구한다. 일주일 전의 내가 오늘 먹고 싶은 것을 결정할 수 있는가? 한식, 중식, 일식 등 오늘 먹고 싶은 것을 결정하기도 힘든데 일주일 전에 결정하는 것은 너무 어렵다. 아니, 불가능하다!

단순히 급식비를 올리는 것은 자기 돈이 아니라고 마구 뿌리는 것이다. 문제의 본질을 꿰뚫지 못한 하수의 방법이다. 현장에서는 응급처치 같은 조치이다. 아마추어와 프로는 좀 달라야 하지 않을까?

그렇다면 어떻게 해야 할까?

전쟁 영화의 전투 장면에서는 다친 군인에게 의사가 아니더라도 누구나 모르핀을 꽂아준다. 잠시 고통을 잊게 해주는 것이다. 이것은 부상병 치료가 아니다. 전문의에 의한 수술이 필요하다. 이런 응급처치를 하는 환경은 그대로 놔두고 징병제 군대의 체질을 바꾸는 게 가능할까?

주변 환경이 바뀌어 적응하기도 버거워 고통을 호소하는 말 못하는 환자에게 아무런 준비 없이 체질을 바꿔야 한다며 강요하는 목소리가 들리는 듯하다.

군인에게 보고란 무엇인가?

　요즘 날씨가 너무 좋다. 덥지도 춥지도 않고 바람은 시원하다. 햇살은 눈부시고 창밖으로 보이는 집 앞 작은 연못은 은빛 출렁거림과 유리알 같은 반짝거림이 오감을 호강시켜준다. 이럴 때는 무슨 말을 들어도 화나 짜증이 날 수 없다. 날씨가 참 좋은 날이다.

　소위로 갓 임관하고 첫 보직은 GOP 소초장이었다. 마음의 날씨를 살펴야 할 분은 대대장님, 중대장님 두 분뿐이었다. 중대장님은 매일, 대대장님은 2~3일에 한 번꼴로 소초를 순찰했고, 나름 FM대로 했으니 지적을 받지도 않았다. 그런데 어느 소초는 매일 지적받고 왕창 깨졌다느니 털렸다느니 하는 소식이 들려오기도 한다. 이럴 때는 바로 우리 소초는 어떤지, 제대로 되고 있는지 확인했다. 소대원들이 숙지해야 할 교육도 몇 가지 했다.

　인간의 감정은 주변 환경에 큰 영향을 받는다고 해도 과언이 아닐 것이다. 이런 사실은 조직 생활을 하다 보면 자연스레 터득된다. 특히 상급자 감정의 날씨에 관심을 가지게 된다. 돌아보니 이런 것을 깨닫는 데 그리 많은 노력을 쏟지는 않았다. 그냥 공짜로 알게 되었던 것 같다.

보고는 타이밍?

그런데 항상 이렇게만 대처할 수는 없었다. 바로 인접 소초가 지적받고 있다는 이야기가 들려도 바로 대처하기가 곤란한 경우도 있다. 이럴 때는 만나지 않는 게 최선책이다. 지프차가 오지 못하는 곳, 도로로부터 가장 먼 곳으로 이동했다. 괜히 만나봐야 일어날 상황은 뻔하기 때문이다.

지금 와서 생각해보면 별것도 아닌 것을 두고 그 소란을 피우는 것 같아 씁쓸하다. 그 아웅다웅의 종류도 다양했다. 객관적 팩트나 규정, 경계근무 지침서에 근거한 것보다는 순찰자의 감정에 따라 지적의 양이나 강도가 결정되는 듯해 보이기도 했다. 그러니 화가 나 있거나 심기가 편치 않을 때는 피하는 게 최고였다.

"비 예보가 있으니 우의를 챙겨라!"
"수하는 짧고 위엄 있게 해라!"
"두발과 복장은 깔끔하게!"

"소초가 지저분하다."

"부식 현황이 차이가 난다."

"전술 도로에 돌이 떨어져 있다."

"상황병 브리핑이 마음에 안 든다……."

반대로 기분이 좋을 때는 조금 잘못해도 대수롭지 않게 넘어간다. 무엇 때문인지 잘 이해도 되지 않는 쓸데없는 잔소리는 안 듣는 게 좋은 것이다.

윗사람을 만나더라도 기분 나쁘지 않게 자연스레 넘기는 건 부하로서 최고의 일이다. 하지만 불시에 자기 마음대로 오는 상급 부대 순찰자의 기분을 맞추는 건 쉬운 일이 아니다. 원하는 시간과 장소에서 볼 수 있다면 좋으련만 그건 꿈에서나 가능한 일일 것이다.

전화기 너머 날씨

GOP 경계를 끝내고 GP장으로 보직이 변경되었다. 해가 지고 난 후에는 다음 날 해 뜰 때까지 순찰도 없고 가끔 오는 분들도 위험한 곳에 있다며 잔소리도 없었다. 한결 편했다. 약간의 감정이 실린 시시콜콜한 잔소리도 안 듣고 너무 편했다.

하루에 딱 두 번의 전화 지휘보고를 제외하고는 상급자로부터 간

섭이 없었다. 지적받을 타이밍이 없었다는 것이다. 아침, 저녁 두 번을 빼고는……..

GP장들은 사전에 정해놓은 순서대로 보고를 하였다. 그날 있었던 실시 사항과 이후 예정 사항, 기타 애로 및 건의 사항 순이었다. 맨 먼저 하다 보니 중대장님의 기분 상태를 알아야 했다.

상황병들이 중대 본부에 전화해서 중대장님의 심기, 중대 내 돌아가는 이야기들을 파악했다. 뻔한 보고 내용은 미리 정리해두었으니 한번 쭉 보면 되는 것이고, 저 멀리 전화 속 윗분에 대한 것은 알 수가 없었기 때문이다. 기분이 좋으시면 질문이 없었다.

반대인 경우가 문제이다. 쏟아지는 질문에 답을 하려면 피곤해진다. 그냥 말장난 같은 것이지만 그때는 그렇지 않았다. 짜증 섞인 목소리와 대화를 하는 것은 스트레스이다. 나중에 안 사실이지만, 옆에 있는 상황병들은 내 목소리, 메모에 집중하고 있었다. 그들도 윗사람 기분이 좋지 않으면 피곤한 상황이 예상되기 때문이다.

보고가 끝난 후 부소대장과 분대장들을 부르고 지시를 한다. 물론 윗물이 그러니 아랫물도 그럴 것이다. 덧붙여 오늘 인접 GP에 중대장님이 가셨는데 기분이 안 좋으셨던 것 같다, 상황병 브리핑이 매끄럽지 않았고 경례 자세가 마음에 들지 않으셨다는 이야기까지 나온다.

"내일 우리 GP에 오시는데 준비 잘해라. 점검은 점심 전에 하겠다. ○○○이를 좋아하시니 근무시간 조정해라. ○○○이는 재미있는 개

그 준비 잘해놓고. 내일은 대청소다. 좀 더 신경 쓰고, 라면 끓일 때 달걀은 맨 마지막에, 파도 조금……."

본질과 무관한 지시들이 속사포처럼 쏟아진다. 그래도 어떻게 할 수 없다. 보고를 받는 사람의 기분이 중요하니…….

폭풍 전야라도 보고할 건 한다

중령 여러 명이 소령 방에 모여 있다.

"야~~ 큰일이네, 내일모레가 성과분석 회의인데 우수 부대 결심을 못 받아서……."

"에이~~ 참모장이 멋대로 해서 박살이나 나고."

"참모장더러 보고하라 하지! 자기가 해놓고. 참모님은 그걸 왜 가지고 들어가서서."

"나보고 하라는데……. 그럼, 어째?"

"야! 인사야?"

"예?"

"어떻게 하면 좋겠냐? 눈치 있잖아?"

"아니, 그건 그거고, 제 방에서 담배 좀 피우지 마십시오!"

"왜?"

"며칠 전에도 장님이 들어오시며 뭐라 하셨습니다. 회의실에서 심의하다가 불려 가서 혼났습니다. 기초군기를 잡아야 할 참모가 방에서 담배 피운다고……."

"아~~ 그랬어? 미안하다, 미안해! 근데 사단장님도 여기가 사랑방인 거 아시냐?"

"스파이가 많으니 당연히 아시겠지!"

"야~~ 근데 이거, 사인 하나 받는 게 이리 어려워서야……. 큰일이다."

"비서실장은 오늘 들어갈 생각도 하지 말라던데……."

여럿이 모여 답도 안 나오는 푸념을 하며 시간만 보내고 있다. 다들 보고거리에 대해 한마디씩 한다. 부대로 봐서는 우수 부대 선발 결과도 중요하지만, '누군가 하겠지'라는 생각도 하는 듯 보인다. 그러나 자신이 맡은 참모 책임은 어쩔 수 없이 본인이 처리해야 한다. 급하지 않은 경우는 여유가 있다. 반면 오늘내일까지 보고 기한이 정해진 참모는 안절부절못한다. 재떨이에는 죄 없는 꽁초만 짓눌리고, 종이컵만 구겨지기 시작한다.

"인사야! 담배 좀 줘봐라!"

"그냥 끊어라! 사서 다니든지. 인사가 너 땜에 피우지도 않는 걸 갖다 놓잖아."

"인사는 서비스야~~, 그치?"

"근데, 도대체 몇 개를 피우십니까? 너구리 굴 되겠습니다."

"환풍기 꺼졌다, 돌려라."

"쟤도 열 받았나?"

또 누가 열 받았지? 모두가 그리 생각했는지 실없이 웃는데, 갑자기 사무실 문이 열리고 ○○참모가 들어온다. 우리 모습을 보고 깜짝 놀란다. 우리도 깜짝 놀란다.

"○○! 너 뭐냐? 고참들 토의하는데."

"특별참모가 감히 일반참모 방에 노크도 없이……. 같은 계급이라고 맞먹냐?"

"뭐가 같아요, 인사는 중령(진)인데……. 그래, 뭐 하러 왔어?"

"우수 부대 다 결정됐습니까? 빨리 주십시오. 표창장 만들고 행사 준비해야 합니다."

"너는 뭐가 어떻게 돌아가는지도 모르냐?"

"아직 소령이라……. 이해해야지!"

"빨리 안 주시면 저희 야근해야 합니다."

"야! 우리는 매일 한다!"

괜히 눈치 없이 들어왔다가 봉변만 당한다. 창문도 열고 환풍기도 다시 두드려 돌리고, 커피 물도 다시 채우고 있노라니 우리 꼴이 재미있어 보인다.

"그만, 그만들 하시고 여기 콜라 한잔 시원하게 하십시오! 제 방이니 제가 처리하겠습니다. 총대 메겠습니다. 결재판 주십시오."

선봉 부대부터 분야별 우수 부대가 인쇄되어 있다. ○○참모님께 공란으로 된 것을 다시 달라고 한다. 비서실에 전화해 뭐 하고 계시냐 물었더니 태풍 전야란다.

"제가 결재 받아 오면 뭐 해주시겠습니까?"
"밥 살게."
"스포츠 장갑 선물 받은 거 줄게."
"골프 모자 줄게."
"소주 한잔……."
"그럼 일단 10분간 휴식하면서 참모님들 가져오시고, ○○참모님은 추가로 커피믹스 한 박스 가져오십시오! 너무 단골이라……. 우수 부대 건은 제가 어떻게든 처리하겠습니다."

다들 다시 모인다. 여기가 진짜 회의실 같다. 창문, 출입문을 다 열고 테이블도 정리하고 복도 출입문도 연다. 메케한 냄새는 사라지고 시원하다. 참모들이 모여 대책회의를 하는 걸 아는지 본청은 정적 속에 하나둘 오는 참모들의 발걸음 소리만 크게 들린다. 사무실에 들어가니 호기심 가득한 얼굴로 쳐다본다.

"다 가지고 오셨으니 다녀오겠습니다. ○○참모님! 가져오신 박스 열고 커피 한잔 타십시오. 식기 전에 오겠습니다!"

"네가 무슨 관우냐? 장비냐? 옜다! 쌍금탕 받아라!"

당분을 보충하고 결재판을 확인하고 올라간다. 비서실장이 손에 든 결재판을 보더니, 눈이 휘둥그레진다.

"참모님! 들어가시는 건 아니시죠? 폭풍 전야입니다."

"어디가 폭풍 전야인가요?"

"큰일 나십니다. 저도 내일 일정도 보고 못 드리고 있습니다."

"폭풍 전야? 그때는 조용하고 태풍의 눈? 거기는 고요하니, 살짝 들어갔다가 나와서 잠수하죠! 지나고 나면 다시 나오죠!"

참 안되었다는 눈으로 쳐다본다. 들어간다고 보고드리라니 못 하겠다고 한다. 할 수 없이 노크하고 들어간다. 창밖을 보며 무슨 생각인가를 골똘히 하는 모습이다. 전투화 뒷굽을 평소보다 크게 소리를 내붙이며 경례를 하고 다가간다.

"아무도 들어오지 말라 했는데……."

"……."

"뭐냐?"

"보고드릴 것이 있습니다."

"앉아라."

"예."

"야! 참모들이 보고를 안 하냐? 눈치만 보고……. 할 게 있으면 해야지! 다 끝나고 보고하면 어쩌냐? 중간 보고는 다 빼먹고…….."

"죄송합니다."

"네가 죄송할 건 없고. 다들 듣기 좋은 건 서로 하려 하고 안 그런 건 미루고…….."

"죄송합니다."

"책임은 나보고만 지라고 하고, 뭘 알려줘야 지침도 주고 하지! 우수 부대 건도 그렇지, 지휘관 점수 있으니 알아서 하라고 소문은 다 내어놓고, 니들이 해 온 점수 순서대로 해야 하냐? 그럼 어떻게 하냐? 만약 내 점수로 바뀌면 못 받는 대대장은 뭐라 하겠냐?"

"죄송합니다."

계속 '죄송합니다'만 반복하다가 우리 처지와 그동안 진행된 상황에 관해 설명한다. 참모들끼리 다시 선발 토의를 하는 것으로 하고 선봉 부대, 전술훈련 평가, 전투력 측정 등 중요한 분야에 대한 지침을 받는다.

비서실장이 묻는다.

"뭐 그리 조용합니까?"

"우리 기다리고 계셨다던데…….."

참모장실로 가서 보고하니 "알았다"라고만 한다. 돌아와 보니 궁금 증과 호기심 가득한 얼굴로 쳐다본다. 참모들과 토의를 간단히 하고 결과 보고서를 정리해서 비대면으로 넣으니 바로 결재가 되었다고 가져가라 한다.

태풍의 눈이나 폭풍 전야는 중요하지 않은 것 같다. 날씨가 어떻든 지, 듣기 좋든 말든 의사소통은 계속되어야 한다.

경기에 졌다고 선수 탓하는 감독은 없다

보고報告란 '일에 관한 내용이나 결과를 말이나 글로 알림'이라 한다. 군에서 인식되는 의미는 아랫사람이 상급자에게, 하부 조직에서 상부 조직으로 하는 것이다. 물론 여기에는 보고를 통해 결심, 승인을 받거나 이해를 시켜 공감대를 형성하는 등의 것이 뒤따른다. 어떤 형태이든 결과가 없는 보고는 불필요한 것이고 무의미한 노력 낭비일 뿐이다.

이 정도로만 결과가 나와도 문서작성 연습한 셈 치거나 논리적 사고 절차를 통해 상·하 간에 소통했다면 그나마 다행이다. 하지만 최악의 경우도 있다. 보고를 통해 신뢰가 형성되는 것이 아니라 깨지는 일도 있다. 상급자는 충분하고 자세한 지침을 주었다고 생각하며 그럼에도 이해하지 못하는 부하를 말귀를 못 알아먹는 것으로, 하급자는 지침이 헷갈리고 자신이 뭘 원하는지도 모르는 상급자로 여기게 되면 최악의 상태가 되는 것이다.

어떤 상급자는 구두 지침도 없이 보고서를 작성하게 한 후 A-4지 한 장짜리 보고서를 만드는데 수정에 수정을 반복하여 A-4지 한 박스를 낭비하게도 했다. 이런 일이 반복되면 하급자도 머리를 굴린다. 'ver. 1 ~ ×××' 또는 'ver. 1-1 ~ 25-8' 등 숫자가 마구 늘어나다가 어느 순간부터는 몇 개 안에서 반복 순환하게 된다. 늘어나는 숫자만큼 하급자의 눈에 자기 생각이 없는 상급자로 강하게 인식되는 것이다. 이런 상급자가 주는 보고서 작성 지침을 받고 나면 어떨까?

최근 예비역이 되신 분이 보내준 글이다.

"내가 같이 근무한 아무개 씨는 지침 준다는 게 지렁이 기어가는 상형문자 몇 줄 주곤 하던데 그놈 해독하는 게 더 어렵더라."
"육본에서 만났던 우리 과장 김모 예비역 장군은 지침이라고는 네모, 세모, 동그라미, 지렁이 몇 마리밖에 없었다."

뭐, 본인도 할 말은 있겠지만, 이런 상급자는 불쌍하다. 부하가 이해하게끔 지침을 정확히 주거나 그렇지 않으면 자신이 직접 작성하면 된다. 자기 생각을 말이나 단어로 표현 못하는 꼴이다.
"내가 그 부분을 잘 모르겠는데, 어떤 의견을 갖고 있는지 말해줄 수 있겠나? 나도 어떻게 해야 할지 모르겠으니 생각 좀 하자!"

이렇게 자신의 부족을 솔직히 표현하는 것은 부끄럽거나 권위가 없어지는 것이 아닌데……

이런 경우, 둘의 관계는 뻔하다. 이유가 어찌 되었건 상하 간에 불신이나 감정적 마찰이 생기면 그 책임은 누구에게 있는가?

"부대의 성패는 지휘관에게 있다. 부대를 단결, 화합하게 해야한다."

국방부 〈부대관리훈령〉에 나오는 말이다. 자격이 없는 지휘관, 상급자는 스스로 이 말들을 곱씹어 봐야 한다. 그런 종류의 사람들은 성품이나 리더십에 문제가 있거나 직무능력이 없는 것이다. 어느 스포츠 잡지에서 감독들을 상대로 설문을 했던 결과가 떠오른다.

"마음에 드는 선수만으로 팀을 구성할 수는 없다. 감독은 팀원의 특성을 꼼꼼히 파악하여 모두의 장점을 극대화함으로써 승리하는 것이다."

그러고 보니 경기에 졌다고 선수 탓하는 감독은 본 적이 없다.

지휘관에게 거짓 보고를 하면?

군인은 거짓말하면 안 된다. 만고 불변의 진리이다. 역사 속을 여행해보면, 사기 친 한 명의 군인이 불러온 재앙을 어렵지 않게 찾아볼 수 있다.

6·25전쟁 때도 있었다.

졸다가 오줌이 마려워 눈을 떴더니 북괴군이 두어 명 지나갔다. 보고했다.

"보고드립니다! 방금 북괴군 2명이 지나갔습니다."

"그래, 안 졸았지?"

"예! 두 눈 부릅뜨고 지켜봤습니다."

보고하는 부하의 마음 한구석 어딘가는 찝찝하다.

'차마 졸았다고 보고할 수는 없지 않은가?'

사실 2명은 후미 첨병으로 실제로는 이미 1개 대대가 지나갔다. 졸 때 지나간 그 많은 사람은 보지 못했다. 이로써 지휘관 또한 경계에 실패한 군인이 되어버렸다.

〈군인의 지위 및 복무에 관한 기본법〉에는 '정직의 의무'가 명시되어 있다.

"군인은 명령의 하달이나 전달, 보고 및 통보를 할 때에 정직하여야 한다."

군인은 명령의 하달이나 보고 및 통보에 허위·왜곡·과장 또는 은폐가 있어서는 아니 된다. 그만큼 군인에게 있어서 정직이 얼마나 중요한 가치인지 알 수 있는 대목이다.

살면서 거짓말을 단 한 번도 하지 않은 사람은 없을 것이다. 누구나 한 번쯤은 거짓말을 한다. 그것이 본인의 이득을 위한 거짓말일 수도 있다. 한순간 위기를 모면하려고 그럴 수도 있다. 혹은 누군가를 위한 하얀 거짓말이라 자신을 합리화하며 하는 거짓말일 수도 있다.

"자기야, 오늘 왜 이리 예뻐?"

"그래? 오늘 화장도 안 했는데, 세수도 안 하고……."

"너는 생얼이 최고야! 화장품이 반짝이는 피부를 가리니까!"

세수도 안 하고 화장도 안 한 여성은 좋다고 한다. 이런 게 화이트 거짓말이다. 여친에게는 이런 거짓말을 아무리 해도 거짓말인지 알면서도 좋아할 것이다. 그러나 군인이 임무 수행에 있어서 거짓말하는 것은 용납될 수 없다.

군인이 거짓말하면 전우들은 죽는다.

군인은 진실만을 말해야 한다.

법적으로는 허위 보고이다!

동전의 양면 같은 불편한 진실들

코로나가 여러 사람 잡는다. 병영 내 코로나바이러스 유입 차단을 위해 휴가복귀자는 PCR검사를 받아 음성 판정을 받고 체온 체크 등 절차를 거쳐 이상이 없어야지만 위병소를 통과할 수 있다. 이후 2주간 격리시설, 휴가복귀자 생활관에서 예방적 관찰기간을 거친다. 이후 2차 PCR검사에서 음성 판정이 나와야 일상의 병영 생활로 완전히 복귀할 수 있다.

이러한 지침을 받고 격리장소를 찾았다. 본부만 달랑 있는 작은 주둔지에서 온전히 격리되어 2주간의 격리 생활을 할 수 있는 공간을 찾기란 쉽지 않았다.

물론 지휘관실에 딸린 내실이 있긴 하지만 1인용 간이침대만 있고 보안장비 등이 있으며 왕래가 빈번한 곳이라서 부적합했다. 그다음 떠올린 곳이 여성편의시설이었다. 작지만 취침, 샤워, 화장실이 갖춰져 있는 유일한 공간이다.

어쩔 수 없이 그곳을 전용으로 사용하는 여성 2명을 조용히 사무실로 불렀다. 여성만 불러 혹 오해가 생길 수도 있다는 우려에서 과장, 주임원사도 동석시켰다. 만약 그들이 자신들만의 공간을 양보할 수 없다고 하면 어떻게 할까? 다른 장소가 여의치 않았다. 잘 설득할 수밖에 없는 노릇이었다.

"상급 부대에서 휴가복귀자를 2주간 격리하라는데……."

"……."

반응이 없다.

'그래서 어쩌라고?' 하는 느낌을 받았다. 뭔가 말을 끌어내는 방법에 문제가 있는 듯했다. 현역이고 코로나 대응 실무를 맡은 여성 과장은 어쩔 수 없는 것이라며 동의하는 눈치였으나 나머지 한 명은 멀뚱멀뚱이었다.

"지시가 내려와서 부대원들과 접촉을 완전히 차단할 수 있는 곳을 찾고 있는데, 썩 마땅한 곳이 없네. 의견을 들어보려 하는데……. 어떻게 하면 좋을까? 좀 도와주면 좋겠는데……. 현재 돌아가는 상황은 알죠?"

"알고 있습니다."

"좀 도와주면 안 될까?"

"그럼 저희는 어떻게?"

40대의 군무원이 이제야 부른 이유를 이해하는 듯했다. 여성 과장에게는 미리 언질을 주었고 본인의 업무범위에 해당하는 것을 알기에 어쩔 수 없이 받아들이고 있었다.

"다소간 불편하겠지만 휴식은 당직병 취침장소로 하고 화장실은 사용인원이 상대적으로 적은 2층 것을 사용하면 되지 않을까? 세면대에 샤워기를 추가하고 출입문에 열쇠를 추가하지!"

"기간은 얼마나 되겠습니까?"

"코로나 상황이 끝날 때쯤?"

"……."

그렇게 대화는 끝났다.

다들 제 사무실로 돌아가고 혼자 텅 빈 공간에 남았다. 미군 부대 근무했을 때의 한순간이 떠올랐다.

최소 2인 1실에 샤워실, 화장실까지 별도로 방마다 있었다. 그걸 보며 '우리는 언제 저렇게 될까?' 했는데 벌써 근 20년이 지났는데도 이건 뭐지, 하는 생각이 들었다. 돌려막기?

"여건이 불비하면 노력을 배가하라! 검이 짧으면 일보 전진하라!"

어디 구멍이 생기면 거기를 막아야 하고, 여건이 갖춰지지 않으면 개선해야 하고, 검이 짧으면 길게 해야 한다. 하루 이틀에 끝날 상황도 아니다. 신종플루니 메르스니 하는 이름만 바뀐 바이러스들이 계속 이어질 것이다.

지시나 지침을 주었으니 알아서 할 것이라고 믿는 사람이 없기를 바란다. 이런 상황을 모르는 것인지? 알면서 모른 척하는 것인지? 알아도 어쩔 수 없으니 외면하는 것인지? 궁금하다. 여성 휴게실로부터 개인 생필품을 옮기는 그들을 보기가 좀 그렇다.

육군에서는 부당한 대우를 받거나 근무하기 어려운 상태, 질병 등 그 밖의 애로 및 건의 사항이 있을 때 지휘계통을 포함해서 다양한 방법으로 의견을 제시하도록 여러 창구를 운영하고 있다.

휴가복귀자를 격리시설에 수용하는 시스템에는 하드웨어뿐 아니라 소프트웨어도 있다. 이것저것 시설과 비품들은 나름 갖추었지만 실제 생활과 관리가 어떻게 되는지 확인하기 위해서 직접 행동으로 해보는 FTXField Trainning Exercise를 실시해보았다. 외부업무 후 복귀하면서 휴가복귀자가 되어보았다.

역할에 충실하며 격리장소까지 안내를 따라갔다. 역지사지! 보이지 않던 것들이 보이기 시작했다. 그 긴 격리 시간 무엇을 할까? 따분할 것이다. 운동량은커녕 활동량도 극히 적을 것이다. 식사 전달은 어떻게 할 것인가? 통신수단은 어떻게 유지할 것인가? 2주간의 시간을 어떻게 보낼 것인가? 많은 궁금증이 생겼다.

윗몸일으키기, 팔굽혀펴기, 스쿼트 등 목표량을 주고 식사는 따뜻

할 때 할 수 있게 가장 먼저 일회용 도시락으로 전달해 바이러스 차단이 가능하게 했다. 추가해서 정신전력 예상문제와 독서 목표 등도 주었다. 최종적으로 이러한 것들을 전반적으로 관리감독할 책임 간부를 임명하였다. 가끔 직접 SNS 메시지를 통해 불편한 것이 없는지 묻기도 했다.

어느 날, 언론 링크가 하나 날아왔다. 아무리 좋게 보려 노력해도 형편없어 보이는 격리자의 도시락이 보였다. 덧붙인 글도 믿기 어려웠다.

"저희 부대는 부식 수령조차 제대로 받지 못하고 있습니다. 새우볶음밥이 메뉴였는데 수령량이 0개여서 아예 새우볶음밥이 보이지도 않은 날도 있고……."

"최근에는 식사할 사람이 120명이 넘고 빵이 메뉴였는데 햄버거빵을 60개만 줘서 취사병들이 하나하나 다 뜯어서 반으로 갈라서 120개를 만듭니다."

"빵 수량이 모자라서 달걀을 풀어서 프렌치토스트를 만들어서 주지를 않나, 돈가스가 80개 들어와서 난도질해서 조금씩 주지를 않나, 불고기가 메뉴인데 고기가 없어서 당면만 나오질 않나, 한번은 탄약고 경계근무 끝나고 왔더니 반찬이 다 떨어졌다고 런천미트 한 조각 받았습니다. 이마저도 다른 날 메뉴에 사용할 런천미트 일부입니다."

아마도 누군가 제 역할을 해야 할 사람이 제대로 하지 못한 것이 원인이었을 것으로 짐작된다. 그래도 이해가 가지 않을 정도로 심하다. 이런 부대는 총체적인 문제가 있는 곳임이 분명하다. 부식을 나누어 주는 보급대, 수령자, 조리와 취사를 책임지는 사람들 모두가 책임을 벗어날 수 없을 것이다.

그런데 이런 글을 SNS에 올리는 병사의 경우는 어떨까? 분명한 것은, 그 지휘관에게 말하면 처리가 되었거나 재발 방지를 할 수 있었을 것이다. 지휘계통으로 보고해도 되는 것을 굳이 이런 방법으로 개선을 요구하는 것은 부대에 대한 불신 탓이리라. 그러면서 또 불신을 키우는 것이다.

한번 생긴 불신은 정말 잘 자라는 것 같다. 또 이어서 글들이 올라온다.

"배식 사건이 터진 이후로 모든 병사를 다 집합시키고 카메라 다 검사하고, 안 잠긴 사람들 다 잠그고, 체력단련 일과가 생겼습니다."
"핸드폰을 뺏고, 간부들이 하는 말이 이런 거를 제보하면 너희만 힘들어진다고 합니다. 그리고 간부들은 뭐 코로나 안 걸리는 겁니까? 격리자랑 접촉을 절대 하면 안 될 텐데 간부들은 격리자 생활관 계속 들어오고 접촉하고, 이게 격리인지 정말 이해가 안 됩니다."
"왜 저희가 피해를 보아야 하는지 모르겠습니다. 그리고 밥 같은 거는 병사들이 밥 먹고 저희한테 가져다주는 건데, 병사들이 근무가 있고 그러면 저희는 밥도 못 먹습니다. 밥이 오지 않습니다. 저는 하루 세끼 밥 온 거 보면 고등어순살조림이 나오면 무만 나오고, 그냥 제 사비로 라면 사 와서 먹습니다. 밥은 많이 줘서 밥 말아 먹고 그러고 있습니다."

"그리고 정말 간부들은 코로나가 안 걸리는 것도 아닌데 간부라고 해서 격리자와 접촉을 하고 막 들어오고 하는 부분은 정말 아닌 거 같습니다."

식사, 격리공간 확인 등 모두가 직업군인들의 책임이다. 그것도 자유를 제한받는 병사들과 일선에서 같이하는 그들의 몫이다. 저 위 높은 곳에 계시는 분들은 옛날 이야기만 하는 걸 보면 참 불편해진다. 왜 이런 일들이 일어나는지 좀 더 심각하게 들여다보아야 하고, 그 문제의 근본적인 해결을 위해 불편한 진실들을 밖으로 끄집어내야 할 것이다.

의문이 든다. 그 본질을 모르는 건지, 알면서 모른 척하는 건지? 알아도 어떻게 못 하니 외면하는 건지? 아니면 아래 부대에 똑바로 하라며 회의만 하다가 임기만 잘 채우고 가겠다는 건지?

무엇이 근본적인 해결책인지 모르는 것일까? 조금씩이라도 해결해 나아가야 할 것인데 안타깝다. 격리 여건 확인하러 이번 주말도 보냈다. 월요일 아침부터 또 화상회의이다. 이런다고 본질적인 문제가 해소될 것이라 믿지는 않기를 바랄 뿐이다.

어느 여름, 수해 복구현장에서

　올해는 유난히 비가 많이 내린다. 이런저런 SNS를 통해 중국에 엄청난 양의 비가 몇 달 동안 내려 피해가 크다는 소식을 전해 들으며 우리는 다행이다, 생각하기도 했다.

　이쯤 되니 각종 뉴스에서 수해니, 홍수니, 물난리니 하는 보도와 함께 산사태로 인명피해가 발생하고 물에 빠진 사람을 구하려다 실종된 갓 태어난 아기 아빠 119 구급요원의 안타까운 사연도 들린다. 이런 와중에도 알고 있는 이름이 없어 다행이라 생각하는 것이 인격의 한계인지, 측은지심이 없는 본성은 아닌가 반성도 해본다.

　피해가 컸기 때문일까? 집중적인 폭우로 몇몇 지역이 특별재난지역으로 선포될 거고 군이 투입되어 복구작전을 한다는 뉴스도 들린다. 짧지 않은 군 생활 중 물난리로 인한 기억은 많지 않으나 최근 지휘관을 하면서 복구현장 지휘를 했던 기억이 떠올랐다.

무더운 여름날 일요일, 비가 시원하게 내렸다. 널찍한 관사 지붕과 둘러싼 도토리나무, 잔디 마당을 적셔주었다. 아버지는 텃밭에 다녀오시며 오이, 상추, 고추 등이 잘 클 거라며 고랑을 내고 왔다고 하신다.

"닭장은 괜찮은데 개집 앞에 물이 고여 작은 물골을 냈다."

어머니는 전을 부치셨다.

평온한 휴일이었다.

내일부터 화랑훈련이 시작되니 충분히 휴식을 취해야 하는데, 비 오는데 교통사고 등 안전사고가 나면 안 될 텐데, 하는 걱정도 없지 않았다. 머릿속은 다음 1주간의 훈련 스케줄을 따라 바쁘게 움직였다.

대대장으로부터 전화가 왔다. 좋지 않은 예감은 틀리지 않는다고 했던가? 천안 지역에 호우경보가 발령되고 하천 범람으로 저지대가 침수되었다는 것이다. 현장을 확인하고 전반적인 상황 파악을 위해 시청과 긴밀히 연락체계를 유지할 것을 당부했다. 곧이어 전력거래소에 산사태가 발생하고, 시청에서 공식적인 병력지원 요청이 들어오는 등 상황이 긴박하게 변해가는 것이 느껴졌다.

사단과 상황평가회의를 하고 이동했다. 비는 갈수록 굵어지고 하천의 물살은 진한 흙탕물이 되어 세차게 흘러갔다. 도로 곳곳에 물이 고이고, 쓰러진 나무들도 간간이 보였다. 몇몇 곳에는 군복을 입은 채로 비를 맞으며 넘치는 강가에 둑을 쌓고 있는 것도 보였고, 국방색 굴착기와 덤프트럭도 눈에 띄었다.

보고받은 지역을 확인하다 보니 어느덧 어두워지고 있었다. 복구 중인 병력은 온수샤워 후 식사한다는 보고가 들어왔다. 그러고 보니 바로 옆에 있는 수행참모와 운전병이 저녁식사를 건너뛰었다. 시청 재난상황실로 가며 운전병에게 편의점에서 간단히 먹을거리를 준비하라 했다.

편안하게 핸드폰을 지켜보던 상황실 관계자는 전투복을 입고 있는 우리를 보며 깜짝 놀라는 눈치였다. 횡설수설 더듬거리며 현황을 보고해주었다. 특별히 참고할 내용은 없었다. 오히려 알려주어야 했다. 관계자는 피해 보고가 들어온 서너 곳에 군 병력이 투입되어 응급복구를 했다며 감사하다고만 했다. 주객이 전도된 것 같은 느낌. 씁쓸한 마음이 들었지만 나름 수고하고 있는 사람에게 뭐라 말하기도 좀 그랬다. 시장에게 전화했더니 주변의 소란스러운 소리와 무슨 행사 중이라며 알겠다는 말만 들려왔다.

비는 오락가락했다. 천안에 가 있는 동안 연대본부 지역에도 폭우가 내린다는 보고를 받았다. 부모님께서도 전화를 주셨다. 복귀하는 길이 어두워 주변을 자세히 볼 수는 없었지만 차에 떨어지는 빗줄기 소리, 타이어에 부딪혀 튕기는 물소리만으로도 상황을 파악하기에 충분했다.

자정이 다 되어 복귀했다. 그 지역 책임 부대만 훈련에서 제외되어 수해복구 작업에 투입되었다. 피해규모가 연대 전체로도 감당하기 어려울 것이라는 판단이 되었지만, 사단에서는 훈련도 중요했던 모양이다.

내일부터 훈련이라 참모들에게 들어가 쉬라고 했는데도 굳이 자기들 지휘관이 도착하는 것을 보려 했는지 기다리고 있었다. 이렇게 비효율적인 허울 좋은 노력 낭비를 하지 말라 했는데…….

일찍 퇴근하라 했다. 복귀해서 한 것이라고는 이 한마디뿐이었다.

"필요한 건 다 지시했는데 왜 이리 떼로 대기하고 있냐?"

"길도 안 좋고 혹 추가 지침이 있으실까 봐 훈련 준비하면서 기다렸습니다."

"눈치 많이 보네? 나는 이런 거 좋아하지 않아! 우리는 훈련 못 할 거라고 알려주었잖아!"

"무사히 도착하시는 거 보고 퇴근하려 했습니다."

내일 훈련, 복구 관련 지침을 다 주었는데도 지휘관을 기다리던 참모들에게는 내가 도착하는 여기가 현장이었던 것일까?

빗속 긴 하루가 끝났다.

현장에 답이 있다

　월요일 아침 뉴스부터 '수해'라는 타이틀로 각종 언론 매체가 도배되었다. 아침 뉴스를 스치듯 보며 계획된 대로 발령된 상황에 맞춰 비상소집부터 훈련은 진행되었다.

　화상회의 시스템을 통해 주어지는 메시지 상황을 조치해나갔다. 머릿속에서는 어제 건의가 일부만 받아들여져 수해복구를 하는 해당 지역 대대에 대한 걱정이 떠나지를 않았다.

　동시에 참모들에게는 어제 본 수해 피해 정도와 언론 반응 등을 고려 시 연대는 훈련이 취소되고 전체가 복구에 지원될 것으로 판단되니 그에 따른 세부적인 준비사항도 지시했다.

　상급 지휘관과 훈련통제부에 수해 현장에 대한 설명을 다시 하고 물자분류 등을 최소화해서 부대가 훈련에서 수해복구로 원활하게 전환되도록 할 수 있게 해달라 다시 건의했다. 다행히 언론의 계속된 피해 보도와 시청에서의 지원요청에 따라 오후부터 연대 전체가 피해지역으로 이동하게 되었다.

첫날의 지원은 엉성했다. 아무런 준비 명령 없이 점심식사 도중 급작스럽게 지시를 받은 영향도 있었을 것이다. 사전에 참모들에게 준비 명령을 내부적으로 해놓았지만, 훈련을 중지하고 각각 다른 3개 지역에서 부대를 이동시킨다는 것은 책상에서 말로 하는 것처럼 쉽지 않았다. 총을 들고 있다가 삽을 들고 여기저기서 차량을 지원받아 병력을 이동시켜야 했다.

어제 정찰한 지역과 시청에서 파악 중인 소요를 기초로 부대별 책임지역을 대략 할당했다. '대대장들은 책임지역 내 피해현황과 지원 소요를 종합해서 내일부터 할 작업량과 필요한 병력을 판단하고 오늘 지원은 중대장들이 지자체 관계자의 안내를 받아 응급조치에 집중할 것'이라고 지시했다.

그나마 수해복구 준비 명령을 하달했던 것이 다행이었다. 이동시간만 두 시간가량 걸리는 대대는 연대본부에서 숙영하게 조치했다. 병력 수송차량 편성, 복장, 구급약품 휴대, 통신, 식사 지원 등 세부적인 지시를 통해 혼란을 최소화하려 했다.

사단에서 증원되는 병력에 대한 지휘체계를 확인하고, 장기간 지원에 대비해 현장지휘소를 선정한 후, 지자체로부터 추가로 통보되는 피해장소와 복구작업을 하는 부대원들을 살피다 보니 금세 어두워지기 시작했다.

병력은 야간이동이 안 되게 일몰 전에 복귀해서 휴식하게 했다. 추가해서 1일 단위 군관 협조회의를 제안했다.

현장지휘소로 와보니 지자체 관계자들과 대대장들이 협조회의를 하고 있었다. 재미있는 광경이 펼쳐지고 있었다. 읍, 면, 동장들이 제각각 자신들 지역이 급하다며 많은 병력이 필요하다고 요구하였고, 시 관계자는 어찌할 줄을 모르고 있었다.

아마도 피해지역을 가보지 않아 정확한 판단이 안 되는 것 같았다. 보고받은 병력지원 소요를 단순하게 산술적으로 종합해보니 대략 상급 부대에서 지원되는 병력을 다 포함한 숫자의 5배 이상으로도 부족할 수준이었다. 내일부터는 연대 외 특전사, 인접 부대 등에서 추가로 지원될 것이란 소식도 들려왔다.

현장을 확인한 부하의 보고보다 언론 보도를 더 신뢰하는 것 같다는 참모들의 볼멘소리도 들렸다. 조용히 시킨 후 피해복구 지원 개념부터 제시했다. 먼저 장비·인력 각각 지원할 곳, 통합 지원이 필요한 곳, 공공시설·개인시설로 구분하고 읍·면·동장이 제시한 복구 소요를 종합해 대대장들이 파악한 것과 크로스 체크하여 누락 없이 지원 우선순위를 결정하게 했다.

추가해서 '군인이 하면 잘한다, 공짜이다, 무조건 많은 인원을 데려가야 주민들에게 인정받는다'는 등의 잘못된 분위기를 해소하기 위해서 '우리 젊은 용사들도 국민의 한 사람이다, 호주머니의 동전으로 생각 말라'고 몇몇 곳에서 있었던 잘못된 사례를 예로 들었다. 경고하고 공무원들에게 협조를 구했다.

"주민센터 앞에서 목소리 큰 주민이 와서 급하지도 않고 자신이 충분히 할 수 있는 작업에 무분별하게 병력을 데려가면 그 지역은 철수시키겠습니다."

"첫날임을 고려해 오늘은 넘어가지만, 내일부터는 안 됩니다."

지금 이 시각에도 찌는 더위와 가끔 가려지는 먹구름에 땀을 식힐 때 이어 쏟아지는 소나기로 범벅이 되는 물난리 현장도 있을 것이다. 잠시 비를 피하며 작업을 멈추고 숨을 돌리고 있노라면 어느새 작열하는 햇볕이 또 내리쬐며 목을 마르게 하고 피부를 태울 것이다.

이런 시간의 반복이 거듭된 총 11일간 현장을 발로 확인했다. 비와 후덥지근한 변덕스러운 날씨가 지금도 반복되는 것 같다.

오늘도 어디선가는 무너진 제방과 하천, 비닐하우스, 진흙 범벅이 된 집과 건물, 축사의 오물 냄새 사이에서 땀 흘리는 젊은이들이 있음에 감사할 따름이다.

쇼와 연극,
보이는 것과 보여지는 것

수해가 났느니, 재난이 일어났느니, 큰 사고가 났느니 하면 어김없이 등장하는 모습이 있다. 높은 분들이 얼굴을 내미신다. 오신다는 연락을 받는 순간부터 수해복구 현장은 또 다른 난리가 난다.

주로 보좌관들이 전화로 질문을 시작한다.
"현장에 한번 가시려는데요?"
"어디로 가면 좋겠습니까?"
"지금 거기는 뭐 하고 있죠?"
아주 기본적인 질문이 현장에 있는 지휘본부로 쏟아진다. 연못에서 뭔가를 나름대로 열심히 하고 있던 개구리 무리 사이로 한 아이가 무심코 돌을 던지면 일어나는 소란과 비교해도 될까?

단순한 문의에 대책회의를 한다. 최선임자와 관계기관에 첩보사항으로 전파되고, 작업현장에 나가 있던 피해복구 본부의 최선임자는 급히 본부로 돌아와 일명 VIP로 불리는 사람의 영접을 위해 회의를 주관하게 된다.

오겠다는 사람의 보좌관에게 받은 질문에 대해 대략 모인 의견을 보내면 "알았습니다. 보고드리고 결심받아 알려드리겠습니다"라 한다. 뒤에 알게 된 일이지만, 이때 VIP 측에선 언론 보도를 보아가며 시기를 저울질한다.

어떤 경우에는 다른 급한 일정이 생겨 못 온다고도 한다. 현장에서는 '좀 짜증은 나지만 다행이다'라는 반응이다.

대략 방문 시간대가 정해지면 A, B, C안 등으로 몇 개 코스를 선정한다. 장단점도 비교한다. 차량 접근의 용이성, 도보 이동거리, 피해 정도 외에도 가까운 거리에 다양한 유니폼이 모여 있는 사진 찍기 좋은 곳이어야 한다.

이쯤까지 논의가 되면 직접 관련이 없는 기관에서도 별도의 대책회의가 열린다.

안내 코스와 VIP 보좌진과 협조된 시나리오가 구체화되어 간다. 물론 군 현장 지휘관은 당연히 중요 모델이다. 노란색 민방위복, 곤청색 경찰복도 어느 정도 역할을 하지만 군복이 없으면 피해규모가 크게 보이지 않기 때문이라는 우스갯소리도 들린다.

VIP 도착 장소에는 그 계통의 대표가 대기해 안내를 시작한다. 이후 평소 보이지도 않던 각종 지역 기관장들이 나타난다. 해당 기관 소속 홍보팀들은 사진 찍기에 여념이 없다. 뒤쪽에서 구경하고 있노라면 VIP 쪽 수행팀에서 찾아온다. 사진을 찍어야 하는데 군 지휘관이 필요한 것이다. 이런 상황에서 당연히 복구작업은 그가 있는 동안은 일시 중지되거나, 정해진 각본을 연출하기 위해 스탠바이 상태가 된다.

심지어 어떤 경우는 빨리 사진 찍고 가야 한다며 휴식을 짧게 하거나 길게 하기를 요구하기도 한다. 이런 요구를 모른 척하면 간절한 부탁을 한다.

그 지휘관도 찜찜한지, 아니면 겸연쩍은지 승인을 구한다.

"휴식시간 조정을 하려 합니다. 지침 주신 대로 45분 작업에 15분 휴식을 하고 있는데, 온도를 고려해서 20분 휴식으로 조정하겠습니다."

"지역 단위 책임을 맡은 중대장급 이상 지휘관에게 위임한 사항이니 알아서 하시게."

뻔히 속사정을 알지만 서로 어색해지니 모른 척하고 알아서 하라고 말한다. 평소 이래저래 도움을 많이 받는 처지에서 해당 지휘관도 어쩔 수 없을 것이다.

이렇게 해서 그 기관 관계자는 평소 업무협조 관계인 해당 지역 책임 지휘관에게 조르다시피 해서 타이밍을 맞춘다. 혹 나올 수 있는 불평을 예방하기 위해 작업시간을 줄인 것이다. 용사들이야 휴식시간이 늘어나니 나쁠 리 없을 것이다. 통제가 테크닉인가?

이렇게 타이밍을 맞추어 코스를 돌게 된다. 쇼를 위한 준비도 마무리가 된다.

세팅이 끝난 무대 대부분은 복구작업을 하는 인원보다 방문하는 인원이 훨씬 많다. 격려한답시고 흙, 오물이 묻은 이들과 악수를 하고 몇 마디 묻는다.

"어려운 것은 없나요? 필요한 것은 없나요?"

"예, 필요한 것은 없고 수재민들에게 조금이나마 도움이 되었으면 합니다."

"국민의 군대로서 당연히 해야 하고 이것도 본분이라 생각합니다."

"저희의 작은 힘이 피해를 받으신 분들께 비 온 후 무지개처럼 희망이 되었으면 합니다."

말도 잘한다. 자세히 들어보면 어제 대대장들에게 했던 내용이다. 매일 작업 시작 전 안전교육과 함께 복구작업의 취지를 교육하도록 한 효과가 있는 듯해서 살짝 웃음이 나오기도 한다.

방문 집단이 가고 나면 평소에 보이지 않다가 나타난 분들도 번개처럼 사라진다. 현장은 또다시 조용해진다. 찌는 더위와 올라오는 습기가 그 빈자리를 다시 채운다.

땀을 조금 닦으며 한숨을 돌리려 하면 상급 부대 참모들의 전화가 빗발친다. 왜 전화 오는지 알기에 받지 않고 상급 지휘관에게 지휘보고를 한다. 궁금할 내용에 대해 세세히 설명을 곁들인다. 여기에 조금 양념도 추가한다. "상급 부대에서 선제적으로 충분한 지원과 지도를 해주었기 때문에 복구에만 전념하고 있습니다"라고 이야기했다는 말에 좋아한다.

지휘보고가 끝나면 부재중 번호가 찍힌 참모들에게 조금 전 보고했던 것을 요약해 VIP가 머문 시간, 돌아본 코스, 용사를 포함한 현장 인원들과 나눈 대화, 격려금은 얼마인지, 수행한 기관장들은 누구인지 등에 대해 설명해준다. 옆에 있던 수행참모는 메모하고 상황 보고할 내용을 확인받은 다음 보고하기 시작한다.

마치 쇼가 끝난 극장 주인이 종업원과 공연 결과를 결산하는 것 같은 기분을 느낀다. 보고를 끝낸 참모가 뻘쭘한지 한마디한다.

"연대장님, 수고하셨습니다."
"어, 그래! 너도 수고 많았어."
"악수하실 때 자세가 교범대로입니다. 꼿꼿 장수 같으셨습니다. 브리핑도 깔끔하게 잘 이해가 되었습니다. 시나리오 연습하셨습니까?"
"야~ 웃기지 마라! 너도 지금 연극해? 쇼하지 말자~ 우리끼리는."

쇼와 연극, 보이는 것과 보여지는 것! 가끔은 세상 사람들 모두가 연극을 하는 배우로 보이기도 한다. 맡은 바 임무에 대한 몰입! 중요하다. 하지만 그보다는 겉과 속이 다르지 않고 가면을 쓰지 않은 진정성 있는 배우가 되고 싶다.

꼭 누구를 데리고 다녀야
체면이 서나?

현장을 방문하는 높은 분들은 그 개인의 특성인지 연출인지 모르 겠지만 다양한 모습의 행동을 한다. 미리 준비된 깨끗한 작업복으로 갈아입고 어설픈 삽질을 조금 하기도 하고 폐기물, 쓰레기, 오물들을 안내를 받으며 옮기는가 하면 현장 상황만 둘러보고 뭔가를 메모하는 등 각양각색이다.

이런 다양한 행동들도 있지만, 한 가지 공통점도 발견된다. 여러 명의 수행원을 몰고 다닌다는 것이다. 정확히는 데리고 다니는 것이 다. 이런 모습을 볼 때면 대대장 때 비슷한 기억이 난다.

매주 한 번씩은 탄약고와 무기고를 점검해야 했다. 군부대라면 어 디서나 볼 수 있는 곳이다. 대대는 군단 사령부 내에 있었고 전투병력 이 가장 많은 우리 대대가 전체적인 관리와 경계 책임을 맡고 있었다.

내부에는 여러 건물이 있었고 개별 탄약, 무기의 관리 책임은 대대 단위로 분담되어 있었다. 우리 대대는 이를 중대별로 또 나누어 관리 책임을 주었다. 이렇게 함으로써 비상시에 자기들 총과 탄약, 수류탄, 박격포탄 등을 짧은 시간 내에 혼란 없이 분배할 수 있기 때문이다. 그런데 말이 쉽지, 실제 행동은 어려웠다.

화재를 예방하기 위해 내부는 물론 울타리 주변에 불모지대라는 것을 만들고, 잡초들도 없애야 했다. 극단적으로 말해 산불 등이 나더라도 탄약고에 불이 붙어 터지지 않게 하기 위해서이다. 철조망 울타리는 언제나 깔끔하게 되어 있어야 한다.

잡초는 물론이고 나팔꽃 같은 덩굴식물이 타고 오르면 초병의 시선을 가리지 않게 다 제거해야 했다.

이 외에도 각 건물의 외부 작업뿐만 아니라 내부 작업은 더 많았다. 사격훈련 후 탄피는 정리되어야 하고, 화약이 주성분인 탄약은 습기로부터 차단되어야 한다. 탄은 소대 단위, 박스 단위로 분출되게 정리가 되어 있어야 한다.

무기고는 평소 사용하지 않는 각종 총, 포 등에 녹이 슬지 않도록 해야 한다. 수량이야 당연히 장부와 일치해야 할 뿐 아니라 언제든지 기능 발휘가 되게 닦고 기름칠되어 언제라도 전투에 사용할 수 있어야 하기 때문이다.

이처럼 잘 관리되고 있는지를 지휘관들이 최소 주 1회는 점검을 하게 되어 있었다. 주로 한 주를 마감하는 금요일에 부대별로 실시했다. 어떻게 보면 모든 부대가 똑같은 방법으로 할 것 같은데, 그렇지도 않았다.

주로 한 주를 마감하고 다음 주 예정사항을 확인한 후 참모들에게 지침 주는 것을 끝낼 때쯤 병기관으로부터 점검준비가 끝났다고 전화가 오면 혼자서 이동했다. 그런데 가는 길에 얼핏 보아도 20명은 더 되어 보이는 무리가 앞서가고 있다. 맨 앞에 대대장을 선두로 뒤로 녹색 견장을 달고 있는 중대장들, 배도 좀 나온 주임원사, 행정보급관들, 참모들……. 기러기 떼 같아 보인다. 입구에 도착해서도 한참을 복적인다. 한 번에 많은 인원이 출입 절차를 거쳐야 하기 때문이다.

기다리기도 해야 하고 절차대로 대대 초병들이 임무수행을 하는지 보면서 울타리 상태도 점검할 겸 주변을 둘러보고 있노라니 병기관이 쫓아 나온다.

"○○부대는 왜 떼로 몰려왔어? 뭔 일 있어?"

"아닙니다. 항상 저럽니다."

"우리는 어떻게 하고 있니?"

"저번 주에 지시하셨던 거 9건 조치된 것 확인했고, 이번 주는 ○주차라 소대장들이 분대장들과 탄약 분배 절차 훈련을 하고 있습니다. 가시면 훈련·관리 현황을 보고드릴 겁니다."

"우리도 저렇게 해볼까?"

"저렇게 몰려다니는 시간에 자기 할 일 하는 게 효과적입니다. 대대장님, 저희가 뭐 잘못했습니까? 알아서 잘하고 있지 않습니까?"

"뭐~ 그렇긴 한데……."

"대대장님 처음 오셨을 때 기존대로 해보라 하셔서 딱 한 번 저렇게 하고 바꾸시지 않으셨습니까? 비효율적이라고."

지난주 지시사항과 조치결과를 보고하며 현장을 안내한다. 추가해서 발견한 미흡사항도 보고한다. 탄약고, 무기고를 돌며 임무 브리핑을 받고 몇 가지 지시를 하고 나가려니 그 대대는 아직도 모여 있다.

"선배님! 저는 먼저 갑니다."

"뭐 이리 빨리 가?"

"볼 거 다 봤습니다. 수고하십시오."

나오다 돌아보니 소대장, 분대장들이 따라 나온다.

"대대장님, 수고하셨습니다."

"수고는……. 너희가 알아서 잘하니 내가 할 게 없다."

"저 부대는 저렇게 모여 다닐 시간에 잡초를 뽑든지 먼지를 제거하든지 하지……."

"남 부대에 쓸데없는 소리 하지 말고 축구나 하자!"

우리 대대는 단체 뜀걸음 후 개인별로 자율 체력단련을 하고 소대장, 부소대장들과 축구를 하고 있는데 그 대대는 이제야 주간점검을 끝내고 또 무리 지어 막사로 복귀 중이다.

'뭉치면 살고 흩어지면 죽는다'라는 말이 생각났다. '뭉치는 것이 중요한 것'은 맞는 말이다. 그렇지만 그것도 때와 장소가 있을 것이다. 몸만 뭉쳐 다닌다고 뭉치는 것도 아닐 것이다. 마음은 뭉치고 몸은 각자의 위치에서 제 역할을 하면 될 것이다.

언제인가 한 친구가 한 말이 떠올랐다.

"군인들은 참 특이한 면이 있어. 어딜 가면 꼭 수행원을 데리고 다닌단 말이야! 우리 사무실 있는 건물 관리소장님도 군 출신인데 수도 계량기 검침이나 고지서 돌릴 때도 밑에 사람 한 명씩 꼭 데리고 다니더라고."

왜 하필
군인이야?

피 끓는 젊음을
구속하는 대가는 얼마?

언제부터인지 반성할 일이 눈, 귀로 너무 많이 들어온다. 인터넷을 보고 대화를 듣다 보면 결국에는 반성하는 상황에 이르게 된다. 특히, 군대 관련해서는 가급적 보지도 듣지도 않으려 한다. 그러나 세상 사는 일이 뜻대로 되지 않는 것처럼 이것도 마찬가지다.

지인들이 군대 관련 이슈나 뉴스 기사를 보내기도 한다. 가끔 오는 안부전화 끝에는 어김없이 군대 이야기가 따른다. 주제도 참 다양하다. '병사들도 머리를 기르게 한다는데? 인구절벽에 모병제를 해야 하는 게 아니냐? 여성도 군대 가야 하는 것 아니냐?' 등 여러 가지다.

사실 이런 문제에 대해 군 내부에서 공식적인 교육이나 토의를 했던 기억이 없다. 그렇기에 어떤 생각과 의견들이 있는지도 잘 알지 못한다. 혹은 개인으로서의 사사로운 의견이 왜곡되고 이용되지 않을까 조심스럽기도 하다.

그러나 한 가지 분명한 것은 있다.

"우리 젊은 청춘들의 자유를 구속하는 데 합리적인 대가를 지불하고 있는가? 사후 보상이라도 제대로 되고 있는가?"

이에 대해서는 할 말은 많으나 참을 뿐이다. 그리고 반성도 많이 한다.

소위 때부터 병사를 볼 때는 두 가지 마음이 부딪쳤다. 하나는 전쟁에 대비하는 전투력으로 강하게 훈련하고 현행 임무를 위해 엄격하게 기강을 유지해야 할 대상이었다. 다른 한 가지는 아무런 대가나 보상 없이 국가를 위해 헌신하는 존경스러운 존재로 인식되었다.

'내가 저 입장이라면 과연 참고 이겨낼 수 있을까?'

사관학교를 졸업하고 근 30여 년을 군에서 복무한 직업군인으로서 받는 처우, 혜택을 비교해볼 때면 부끄럽기만 하다.

그들을 대상으로 전문가랍시고 이러쿵저러쿵하고 그걸 이슈로 이용하려는 사람들을 보면 불쌍한 생각이 든다. 그에 앞서 인생 최고의 시기, 꽃 같은 시절, 무엇과도 바꿀 수 없는 젊음이 구속되어야 한다는 생각은 한 번이라도 해보았는지 묻고 싶다. 9급 공무원, 대졸 초년생 월급과 비교하는 것을 볼 때는 가슴이 답답해진다.

복잡한 머리도 식힐 겸 병사들의 월급을 현행 법률을 기준으로 한 번 정리해보았다. 깜짝 놀랐다. 구체적인 수치로 측정해보니 깊이 반성하고 더욱 그들을 존경하고 잘 지도해야겠다는 결론에 이르렀다.

말도 많고 탈도 많다는 최저임금법을 기초로 단순하게 계산해보았다. 최저시급(9,160원)에 한 달 법정근로시간 209시간을 곱하면 최저 임금은 191만 4,440원이 된다.

여기에 1일 16시간, 법정공휴일·대체휴일 등 노동법상 연장근로 시 임금의 1.5배, 휴일은 2배를 적용해보면 각각 월 659만 5,200원, 351만 7,440원이 되어 수당 없이도 월 1,202만 7,080원이 된다. 1년간 연봉은 1억 4,432만 4,960원, 18개월 복무 시는 2억 1,648만 7,440원 이다.

물론 위의 시간에 휴가도 있고 밤에 취침시간도 포함되어 있지만 군 생활의 특수성을 고려하면 큰 상수는 되지 않을 것이다. 수해, 폭설, 산불 등이 발생했을 때 각종 재난 지원 등 고된 일을 포함하면 어떻게 될까? 부대 내 각종 작업이나 생활공간 청소 등은 포함하지 않아도 엄청난 인건비가 필요할 것이다. 하지만 여기에 또 포함하지 않은 것이 있다.

구속당한 자유의 가치는 얼마나 될까?

현재 병장 월급은 67만 6,100원이고 이발비 1.2만 원, 일용품비 1만 1,550원, 정기 휴가비와 효도 휴가비도 극히 소액이고 위험수당 등도 있다고는 하나 극히 소수에게만 해당되는 것이다.

후배가 내 첫 번째 책을 읽고 인상 깊었던 문구가 있었다며 보내준 구절이 있다.

"우리는 모두 구속된 상태로 누군가의 자유를 지켰다."

사실은 '우리'에서 출퇴근하는 간부들은 약간 제외해야 할 것 같다. 물론 일과 후에도 업무를 하고 대기태세를 유지하며 원하지 않는 지역으로 가서 살아야 하기도 한다. 휴가가 아니면 특정 지역을 벗어날 수도 없다. 그러나 군인이 아닌 일반인들보다는 부자유스럽다 해도 출퇴근도 없이 병영 생활을 하는 병사들과는 비교도 할 수 없을 정도의 자유를 누리고 있기 때문이다.

비교가 조심스럽지만, 거주이전의 자유가 없는 북한 주민들이 떠오른다. 죄를 짓고 교도소에 있는 이들도 자유가 없기는 마찬가지이다.

나라를 지키기 위해 사회와 격리되었지만, 우리 젊은이들은 착하고 착하다. 그리고 묵묵히 성실히 복무하는 모습을 볼 때면 언제부터인가 존경과 감사의 마음이 일었다. 그런 동시에 또 다른 한쪽에서는 반성도 하였다.

"위국헌신 군인본분(爲國獻身軍人本分)."
(나라를 위하여 몸을 바침은 군인의 본분)

육사 학비도 면제받고 군에서 월급, 계급 등 과분한 처우를 받은 것을 고려할 때 진정한 헌신은 그들에게서 찾아야 한다. 월급 받고 출퇴근하는 간부들은 위국에 대한 적절한 보상을 안정되게 받는다.

아무런 대가 없이 묵묵히 복무하고 있는 그들이 합당한 대우를 받는 날이 빨리 오기를 바랄 뿐이다. 사실 한평생 살아가면서 20대 초반은 그 어느 때보다 결정적인 시기이다. 그 귀한 시기에 구속받고 제약받은 그들의 자유도 고려가 되어야 할 것이다.

갑자기 궁금해졌다.

자유를 돈으로 사고팔 수 있다면 시간당 얼마나 될까?

피 끓는 젊음을 구속하는 대가는 얼마나 될까?

직업이 뭐예요?
왜 하필 군인이야?

"직업이 뭐예요?"

"군인입니다."

"왜 하필?"

"얼떨결에 그렇게 되었네요."

'하필'이란 '다른 방도를 취하지 아니하고 어찌하여 꼭'이란 뜻으로, 긍정적이기보다는 부정적 표현에 가깝다. 다른 선택을 하지 않고 왜 그렇게 상황이 되었냐는 뜻이다. 다른 직업도 많은데 왜 굳이 군인이 되었느냐? 좀 더 정확히 표현하면 직업군인이 되었느냐는 질문이다.

그러면서 각자의 지식과 상식, 보고 듣고 느낀 것들을 모아 한마디씩은 한다.

"이사 많이 했겠네요? 힘드셨겠습니다. 친척 중에 누가 직업군인을 하다 퇴직했는데 연금도 나오고 좋은 것 같아요! 멋있습니다. 월급 꼬박꼬박 나오고, 안정적이네요."

사람마다, 사회적 분위기에 따라 각양각색의 느낌을 들을 수 있다. 대부분 맞는 말이고, 또 생각하기에 따라서는 그렇지 않은 경우도 있다.

근 30여 년 동안 이런 비슷한 말을 들어오며 별생각 없이 흘러들은 적이 많았던 것 같다. 그러던 것이 언제부터인가 생각이 많아지기 시작했다. 정확하지는 않지만, 근속 30년 기념 휘장을 받은 전후 시기쯤으로 추측된다.

직업군인이 되겠다고 육사에 진학했다. 그때부터 사실상 직업군인의 길을 걸은 것이다. 그때는 사관학교에 가면 바로 직업군이 되는 줄 알았다. 하지만 정확히는 그렇지 않다. 모든 군인이 직업군인은 아니다. 사전적인 직업군인의 뜻은 '군에 복무하는 것을 직업으로 하는 군인'이다. 군 관계의 학교, 즉 사관학교를 졸업하였거나 현역 지원을 하였더라도 의무복무를 마치고 계속 복무하는 군인이 이에 속한다. 참고로 사관학교 졸업생의 법적 의무복무기간은 10년이다.

여기서도 상식, 법, 문화가 따로 노는 것 같기도 하다. 이런 관념적인 설명은 실제와 너무 동떨어져 있고, 실질적인 직업군인으로서의 마음가짐은 육사에 가입교한 날 이후라고 해도 억지 주장은 아닐 것이다.

그렇게 시작해서 육사 졸업 후 약 30년, 육사 포함하면 34년 몇 개월 동안 군인을 직업으로 해서 살아오고 있다. 까까머리 고등학생이 이제는 대학생 딸을 둔 중년 아저씨가 될 때까지 군복을 입고 있는 것이다.

잠시 그 초반을 돌아보면 육사에서 50개월, 전라도 광주시 상무대 4개월, 강원도 고성군 오소동 계곡 7개월, 고성 건봉사 옆 냉천리 12개월, 다시 건봉산 노무현 벙커 6개월, 22사단 사령부 13개월……. 그때까지도 계급은 중위인데 참 많이도 돌아다녔다. 마치 한 곳에 머물지 못하는 나그네처럼…….

직업職業이 나그네인 것 같기도 하다. 나그네란 '자기 고장을 떠나 다른 곳에 잠시 머물거나 떠도는 사람'이라고 한다. 군인 직업의 특징 중 하나인 잦은 이사만을 부각하면 그렇게 말할 수도 있을 것이다. TV 뉴스를 보며 출퇴근 시간의 꽉 막힌 도로만을 보고 '서울은 교통지옥이다, 어떻다, 저떻다' 하는 것과 같다고 하면 지나친 억지일까?

직업이란 '생계를 유지하기 위하여 자신의 적성과 능력에 따라 일정한 기간 동안 계속하여 종사하는 일'로 정의된다. 그런데 나그네가 직업이라 말하니 갸우뚱할 수도 있을 것이다. 이런 것은 직업군인의 몇 가지 특징을 이해하기 쉽게 빗대어 말한 것이다.

군인이라는 직업의 본질은 무엇일까? 결론은 심플하다.

"군인은 구속된 상태로 누군가의 자유를 지킨다."

자신의 자유를 희생하며 알지도 못하는 누군가를 지키는 것이다.

이러한 헌신에도 불구하고 때로는 그 평가나 시각이 불편할 때도 적지 않다. 인터넷에 직업군인에 대해 언급된 것을 보았다.

"진급에 관하여 장교는 극단적이고 부사관은 상대적으로 좀 덜한 편이지만, 직업군인은 도태되지 않기 위해 어쩔 수 없이 정치군인이 되는 경우가 많다. 그리고 이러한 정치군인의 존재로 인하여 군대는 내부부터 썩어 들어가고 있고 이로 인해 대한민국에서 직업군인은 '군바리'라는 경멸스러운 명칭을 듣고 있는 현실이다."

이런 멸시를 주는 사람일지라도 군인은 그들의 자유를 지킨다. 그것도 자신의 자유는 구속받으면서까지 묵묵히 지킨다. 심지어 그것을 사명으로 여기며 신념화하기까지 한다.

모든 것에는 양면이 있다고 한다. 양지와 음지, 긍정과 부정 등 상반되는 것이 동시에 존재한다. 굳이 음양설처럼 거창한 표현을 빌리지 않더라도 주변에서 쉽게 찾아볼 수 있다. '남자와 여자', '높고 낮음', '여름과 겨울', '낮과 밤' 등 수많은 예를 들 수 있다. 이런 것들은 서로 대립적인 반대 개념 같지만, 동시에 서로 상호 보완적이다. 어떤 상황이나 시각에 따라 장점이 단점이 되고, 단점이 장점이 되는 경우를 어렵지 않게 찾을 수 있다.

아마도 가장 대표적인 것이 사람이 아닐까 싶다. 어떻게 만나고 어떻게 보느냐에 따라 완전히 다른 느낌이다. 어느 한쪽 면만 보아서도 안 될 것이고, 또 그렇게 하려고 해서도 안 될 것이다. 직업도 마찬가지이다. 장점이나 단점 중 그 하나만을 보고 있지 않은가 경계해야 한다. 자신이 보고 싶은 것, 보이는 것만을 본다면 한 가지 색깔로 된 프리즘을 통해 세상을 바라보는 것과 큰 차이가 없을 것이다.

군인이라는 직업을 보는 것도 마찬가지라 생각한다. 색안경을 통해 보거나 눈을 감고 코끼리의 한 부분만 만져보고 전부인 것처럼 믿어서는 안 될 것이다.

군에 잠시 머물다 가거나 외부로 보이는 껍데기로만 판단하는 것에는 아쉬움이 적지 않다. 초등학생 때 위인전, 영웅전에 나오는 군인 이야기에 심취해 군인이 되었고, 그 생활을 한 30년 해보니 그 알맹이도 조금은 알 것 같기도 하면서, 또 한편 잘 모르겠다는 것이 결론이다.

그래도 군인 직업을 어떻게 생각하느냐고 굳이 묻는다면, "다 똑같은 직업이다. 단지 조금 다른 것이 있다면 자기희생을 바탕으로 누군가를 위해 헌신한다는 것!"이라고 말하고 싶다.

대부분 직업은 무엇인가를 생산하거나 그 결과를 가늠할 수 있지만, 군인의 그것은 손에 잡히지도 않고 눈에 보이지도 않는다. 그래서 그 가치를 인식하기가 쉽지 않은 것 또한 사실이다. 우리 주변에서 비슷한 것을 찾는다면 공기라고 할까? 없으면 그 소중함을 알 수 있는 것, 살아 숨 쉬는 모든 것에게 아무런 대가나 조건 없이 골고루 나누어 주는 것. 죄를 지은 사람이나 부도덕한 사람을 구분하지 않고 그들이 내뿜는 혼탁한 먼지도 끌어안는다.

온갖 질책이나 따가운 시선도 마다하지 않는다.
이런 고결한 희생을 무엇이라 불러야 할까?

'아름다움'이라 하면 어떨까?

숭고한 아름다움이
진정한 아름다움이다

　19세기 프랑스 화가 장 레옹 제롬이 그린 〈배심원 앞에 선 프뤼네〉라는 작품이 떠오른다. 이 그림과 군인이라는 직업은 많은 부분에서 연관성이 있다. 인류 역사상 가장 오래된 직업이 매춘과 군인이라는 믿거나 말거나 한 그럴듯한 이야기도 있다. 그림 속 주인공 프뤼네의 직업은 창녀였다.

　그림 속 단 한 명의 여성은 신성모독을 했다는 이유로 사형에 처할 위기였으나, 단지 아름답다는 이유로 무죄가 된다. '예쁘면 모든 것이 용서된다'라는, 요즘은 조심스러운 우스갯소리가 현실이 된 것이다. 당시 유명 조각가가 아프로디테 신상을 제작할 때 그녀를 모델로 삼기도 하였다. 게다가 청순함과 지성까지 겸비하여 당시 남성들을 애타게 했다고 한다.

그중 한 명이 자신을 받아들여 주지 않는 것에 앙심을 품고, 그녀가 연극에서 비너스 역을 맡으며 알몸을 드러냄으로써 신을 모독했다고 고발했다. 그 숨은 목적은 자신을 받아들이지 않은 앙갚음에 더해 그녀의 애인인 정치적 라이벌을 거세하기 위해서였다.

　　변호를 맡은 당대 최고 연설가인 애인의 적극적이고 논리적인 무죄 주장에도 불구하고 재판이 불리하게 진행되자 그는 그녀가 걸친 가운을 재판장에서 벗겨버린다. 그녀의 아름다움으로 설득해보려는 최후의 감성 변호였다.

　　배심원들의 판결이 나왔다.

　　"저 아름다움은 신의 의지로 받아들여야만 할 정도로 완벽하다. 따라서 그녀 앞에선 사람이 만들어낸 법은 효력을 발휘할 수 없다. 그러므로 무죄를 선고한다."

〈배심원 앞에 선 프뤼네(Phryne before the Areopagus)〉(Jean-Léon Gérôme, 1824~1904)

과거 KAL기 폭파범이 예쁘다는 이유로 사형이 면제되었다는 믿거나 말거나 한 소문도 있었다.

그 많은 배심원은 그녀에 대한 이런저런 이야기만을 전해 들었다. 그걸 기준으로 자신의 지식과 경험, 누군가가 전해준 논리로 판단을 한 것이다. 지금도 과거 사람들과 마찬가지로 대부분이 그런 듯하다. 언론이 쏟아내는 침소봉대된 뉴스들, 왜곡되고 편집된 의견들, 군대 생활도 해보지 않은 자칭 전문가들에 의해 재단되고 편집된 의견들을 진실인 것처럼 받아들인다. 2~3년 정도의 짧은 기간, 한두 직책 또는 한두 부대에서만 근무한 이들의 단편적인 시각을 바탕으로 판단한다. 물론 그런 의무복무, 징집되어 온 이들의 마음가짐이나 태도를 경험해보지 않아 정확히 알 수는 없다. 하지만 팩트는 그들의 말이 전부가 아니라는 것이다.

겉모습의 아름다움만 보고 판단한 배심원들의 판결이 정당한지 의문도 간다. 신이 만들어낸 최고의 아름다움은 무죄인가? 아니면 아름다움을 소유하고 싶은 에로스적인 의식의 발로인지는 모르겠다. 아름다움을 추구하고 소유하려는 것은 인간의 본성임은 분명하다.

군인과 헌신이라는 단어가 오버랩되어 떠오른다.

"숭고한 아름다움이 진정한 아름다움이다."

위국헌신 군인본분爲國獻身軍人本分.

숭고하고 아름다운 말이다. '숭고하다'라는 뜻은 외적인 그것보다는 내면의 것을 의미한다. 몸을 바쳐 나라를 위한다는 것은 분명 숭고한 일이다. 무언가를 위해 몸을 바치는 것은 누구나 할 수도 있다. 그냥 몸만 바치는 것을 아름답다는 이유로 용서해야 한다는 약간 이상한 논리의 비약이 생기는 것이다.

프뤼네 배심원들이 생각난다. 현재의 서양 철학과 문화적 기초를 세운 지성인들조차 헷갈렸던 가치이다. 숭고함의 가치는 그 대상과 헌신하는 마음을 종합적으로 고려한 후 내려야 할 결론이다. 프뤼네는 고급 매춘부로서 자신을 위해 비도덕적인 남성들에게 헌신했다. 군인은 어떠한가? 나라, 국민, 자유를 수호하기 위해 헌신하는 것이다. 전시에는 목숨을 담보로, 평시에는 자유가 구속된 채로 헌신하는 것이다. 이것이 진정 숭고한 아름다움이라고 말한다면 억지일까?

프뤼네의 아름다운 육체를 보기 전까지 배심원들은 유죄 쪽으로 기울어 있었다. 가운을 확 벗기고 나니 깜짝 놀라며 마음이 바뀐 것이다. 군인이라는 직업도 어떤 가운에 가려진 것 같다는 생각이 든다. 그 소수의 배심원보다 월등한 집단지성을 가진 국민이라는 배심원들과 군대 사이에 존재하는 그 가운 같은 장막을 걷어낸다면 어떻게 될까?

기회와 성공의 보물창고

군대는 기회와 성공의 보물창고이다. 들어오기 전 모습이 어떠했는지는 중요하지 않다. 군복을 입는 순간 새로운 출발 선상에 서는 것이다. 그전 것은 완전히 리셋된 상태이다. 30년 이상을 달리기 위한 출발선에 서 있는 것으로 생각해도 된다.

그 선까지 어떻게 왔느냐도 중요하지 않다. 돈 많고 많이 배운 부모가 좋은 차로 태워다 주었건, 차비가 없어 먼 길을 혼자 힘들게 걸어왔건 거의 차이가 나지 않는다. 약간의 차이라 해도 군복을 입고 나면 똑같은 출발선이다. 자신이 어떻게 하느냐에 따라 그 결과가 달라질 뿐이다. 그 긴 마라톤을 미리 준비하고 충분히 준비운동을 한 여유 있는 사관학교 졸업자 중에도 완주를 못 하는 경우가 있고, 한 번도 달리기를 해보지 않은 채 병사로 출발하는 경우도 있다.

물론 출발하는 모습은 다를 것이다. 그러나 한 30년을 이런저런 사람들과 같이 뛰어보니 어떤 모습으로 시작하느냐는 중요하지 않은 것 같다. 어떤 마음가짐을 갖느냐가 중요했다. 웃으며 가느냐, 찡그리며 가느냐, 얼마나 멀리 가느냐를 결정짓는 열쇠이지 않나 싶다. 꼭 오랫동안 멀리 뛰어야 성공했다고 할 수도 없다. 하지만 완주하겠다는 목표를 가지고 시작했다면 그 목표를 달성하는 것이 옳을 것이다.

뛰다가 목표를 바꾸는 갈림길도 여러 번 마주칠 수 있다. 신분을 바꾸고 군 내·외 교육을 받다 보면 자신의 적성에 맞는 다른 길도 접할 수 있다. 군복이라는 유니폼을 입고 군대라는 코스에서 달리다 보면 보인다.

주어진 업무를 하다가 뒤늦게 알게 된 적성에 맞는 다른 길, 신분을 달리한 군무원, 예비군 지휘관, 군 관련 학과 민간 신분의 교수, 병영상담관 등 수도 없이 많은 기회를 접할 수 있다. 이런 갈림길에서 잠시 머뭇거리기도 하겠지만 바로 제 페이스를 찾아 다시 웃으며 뛰는 모습들을 보았다.

반면에 한 길만 쳐다보면서 열심히 잘 뛰는 모습도 보았다. 그 과정에서 변화하고 성장하면서 처음 선택한 목표를 달성해가는 의지는 존경받을 만하다. 주어진 직분을 최선을 다해 헌신한 결과로 본인의 의지와 선택에 따라 신분이 바뀐다.

한 단계 한 단계 계급이 늘어갈 때는 그에 수반되는 신분화 교육, 초군, 고군, 지휘참모 과정, 리더십 등의 교육을 받고 다음 임무수행을 준비한다. 그 과정에서 성장하고 발전할 수 있는 모든 것이 완벽하게 갖추어진 곳이 군대이다. 삶에 대한 긍정적 자세와 진취적인 태도만 있다면 무엇이든지 할 수 있는 곳이다.

고등학교만 졸업한 이등병이 4성 장군이 될 수도 있다. 그리고 그런 군인을 만들기 위해 모든 것이 무료로 제공되는 곳이 군대이다. 위국헌신의 군인 본분만 잊지 않는다면 군인에게 군대는 온갖 기회가 널려 있는 보물창고다.

"A stitch in time saves nine."

'제때의 바늘땀이 나중에 아홉 번의 수고를 덜어준다'라는 뜻이다. 우리에게도 '첫 단추를 잘 끼워야 한다'라는 속담이 있다. 무슨 일을 하든지 시작의 중요성을 강조한 말이다.

초등학교 때 산수를 제대로 못 배우면 그 영향은 중학교, 고등학교로 이어진다. 수학, 미적분에 계속해서 영향을 준다. 그리고 대학 선택의 기회도 줄어든다. 결국 취업에도 좋지 않은 결과로 이어지고, 대부분은 평생 그 굴레를 벗어나기 힘들다. 첫 단추를 잘 끼워야 하는 분명한 이유를 여기에서도 쉽게 발견할 수 있는 것이다. 인생이라는 짧지만은 않은 여행에서 첫출발의 중요성은 굳이 더 말하지 않아도 될 것이다.

하지만 그 잘못된 첫 단추라 할지라도 어렵지 않게 리셋하고 미래를 위한 토양으로 삼을 수 있는 곳이 있다. 바로 군대이다!

자신의 노력에 따라 그 결과는 상상을 초월할 정도로 커진다. 지나간 잘못이 주는 꼬리표를 잘라버릴 수도 있다. 과거에 낭비한 시간이 오늘의 모습을 만들고, 현재 낭비하고 있는 시간이 미래를 결정한다는 시간의 복수로부터 자유로워질 수 있다.

뭐, 지난 이야기이지만 이등병으로 입대해 부사관이 되고 또 장교로 임관하여 장군까지 된 경우도 적지 않다. 어려운 가정환경으로 굶지 않기 위해 입대하고, 검정고시를 통해 고등학교 졸업 자격을 얻어 부사관으로 임관하는 것은 최근까지도 볼 수 있었다.

청소년기에 갈팡질팡하다가 이렇게 살아서는 안 되겠다며 입대해서 성실성을 인정받아 부사관으로 임관하고, 그 후 야간대학을 다니다 3사관학교에 입학하여 장교로 임관하는 모습도 보았다. 부모님의 이혼에 대한 반항심으로 공부를 게을리해서 고등학교 성적이 좋지 않았지만, 전문대를 졸업하고 3사관학교에 입학하여 장교로 임관한 후배도 있었다. 지금은 석사학위를 취득하고 박사과정을 준비하며 대대장으로서 복무하는 후배도 있다.

이유가 어찌 되었건 학창시절 성적이 우수하지 않았음에도 군 복무를 통해 잘못 꿰어진 첫 단추를 바로잡은 사람들이다. 매일매일 먹고 살기 바쁜 사회생활이었으면 아마도 불가능했을 것으로 생각해도 무리는 아닐 것이다.

한번은 동일 연도에 임관한 ○○ 출신 동기, 그리고 그 학창시절 친구와 식사를 한 적이 있었다. 반주를 곁들이고 이런저런 이야기를 주고받았다.

"나는 야~가 학교 다닐 때 어떻게 했는지 안다."

"그래? 마치 영화 제목 같다?"

"그렇지! 엉망이었지! 군대 와서 출세핸기라."

"흐흐, 그때 그랬지."

한참 흉을 보는데도 웃으며 들어주는 여유와 넉넉한 인품이 돋보였다.

이런 경우는 주변에서 어렵지 않게 찾아볼 수 있다. 장교의 경우만 그런 것이 아니다. 부사관도 군에서 지급되는 장학금과 지원금을 받으며 학사·석사학위를 받고 심지어 박사학위까지 취득한 후 전역 후에는 대학교에서 후배들을 가르치는 교수로 인생 2막을 사는 분들도 있다. 주변 환경이나 어릴 적 방황으로 모범적이지 못한 첫 단추를 군대 와서 제대로 꿴 사례들이다.

공산주의 국가에서는 군대를 갔다 와야지만 정상적인 사회생활을 할 수 있다. 출신성분이 좋지 않으면 간부가 될 수도 없다고 한다. 이에 반해 우리 군대는 입대 전까지의 과정이 어찌 되었건 스스로 노력과 인내만 있다면 지나간 시간에 끌려다닐 필요도 없다. 거기에 더해 자아실현과 신분상승, 존경과 명예까지 주어지는 모든 것이 갖추어진 곳이라 해도 전혀 과언이 아닐 것이다.

장기가 진급보다 어렵다고?

"장기가 진급보다 어렵다."

요즘 군 내·외에서 흔하게 들을 수 있는 말이다. 이런 말을 들을 때면 여러 가지 생각이 떠오른다.

군에서 장기복무란 직업군인으로 인정받는다는 의미이다. 물론 여느 공무원처럼 60세까지 정년이 완전히 보장되지는 않는다. 진급해야 군 생활을 오래 할 수 있게 된다. 이것은 장교와 부사관 모두에게 적용된다. 얼핏 보면 일반적인 공무원보다는 직업 안정성이 조금 부족하게 보일 수도 있다.

군 복무를 적지 않은 기간 동안 해온 사람으로서 누군가 장기복무에 대해 묻는다면 이런 질문을 하고 싶다.

"왜 군인이라는 직업을 선택하는가?"

여기에 답을 먼저 할 수 있어야 한다. '그저 공무원 될 실력은 안 되고, 사회가 어렵고, 먹고 살기 위해서. 일반 회사에 다니는 직장인보다는 직업 안정성이 좋은 것 같아서……'라고 답한다면 하지 말라고 할 것이다.

이와 같은 대화는 자칫 상대의 마음을 상하게 할 수 있어 기분 나쁘지 않게 조심스레 표현할 뿐이다. 하지만 본심은 이렇다. 군대는 직업구제소가 아니다. 사회의 예비 실업자를 받아주는 곳도 아니다. 다른 이들보다 좀 더 편하게 먹고 살려는 사람을 받아줄 수는 없는 곳이다.

이런 사람이 직업군인이 되면 어떻게 될까? 확실한 것은 그보다 계급이 낮은 젊은이들이 고통받는다는 것이다. 간부로 불리는 장교와 부사관 계급 중 가장 낮은 소위, 하사라고 할지라도 당직근무를 하게 되면 중대 병력이 쓸데없이 스트레스를 받을 수 있다. 장교의 경우는 대대급 참모인 중위 한 명으로 인해 수백 명이 힘든 하루를 보낼 수도 있다.

계급이 낮다고만 해서 힘든 것도 아니다. 이런 부하와 함께하는 상급자도 마찬가지로 힘들다. 그런 간부들은 용사들을 각종 병영 부조리로 괴롭히고 사건·사고를 일으킨다. 부대에 말썽이 끊이지 않는다. 경계작전, 교육훈련 등으로 전력을 집중해야 할 지휘관에게 엄청난 관리 소요만 가중된다. 특히, 이런 간부와 함께한 용사들은 전역 후에도 군대에 대한 이미지가 좋을 수가 없을 것이다.

군 생활을 좀 한 사람들이 하는 말이 있다.

"아무나 장기 시키면 큰일 난다. 기본이 안 되면 조기에 하루빨리 내보내야 한다!"

장기는 아무나 하나?!

"어떻게 해야 장기가 됩니까?"
"왜 당신이 장기가 되어야 하는가?"

짧은 대화 속에 답이 있다. 마치 어린아이가 그저 배고프다고 뭐라도 먹을 걸 달라는 징징거림과 같다. 지금 당장 배가 고프니 눈에 보이는 것이 무엇인지도 모르고 무작정 먹으려 한다. 갓난아이들이 무엇인지도 모르고 아무거나 삼키다 병원에 가고 심지어 수술까지 하는 것과 비슷하다.

원초적 본능만 채우려다 심각한 뒤탈이 나는 것이다. 사람이라고는 해도 이런 경우는 동물보다도 못하다. 집에서 키우는 강아지나 여기저기 돌아다니는 유기견, 고양이들도 무엇인가를 먹을 때는 조심한다. 주변을 돌아보고 외형을 살피며 냄새를 맡는 등 자신에게 해롭지는 않은 것인지 조심한다.

덩치만 크고 스펙이니 뭐니 하는 외형적 조건만 갖추었다고 되는
것은 아니다. 영혼 없는, 필요에 급급한 선택은 마땅한 책임이 따른
다. 그것을 본인만 지면 되는데, 군대는 그렇게 되지 않는 것이 문제
다. 수많은 부하들, 심지어 상급자들도 같이 힘들어진다. 많은 사람이
쓸데없는 스트레스를 받게 되는 것이다.

"왜 군인이라는 직업을 선택하는가?"
여기에 답을 할 수 없는 사람이 장기복무자가 되면 안 된다.
그저 어깨에 계급장 붙이고 폼만 잡는 허상을 좇는 이들이 장기복
무를 하게 되면, 이런 사람들 때문에 묵묵히 복무하고 희생하는 선량
한 군인들이 도매금으로 넘어갈 수 있다. 이런 일은 없어야 할 것이다.

돌아보니 이런 책임에서 자유롭지 않은 내 모습이 부끄럽다. 반듯
한 후배를 찾아내서 올바르게 지도해야 한다.

지금까지 많은 후배를 보아왔다. 그들에게는 군의 선배이고 경력
상으로 지휘관과 인사 업무를 주로 하다 보니 궁금증이 있을 때는 찾
는 이도 적지 않다. 좀 더 정확히 표현하면, 장기가 되는 특별한 노하
우를 알고 싶어 하거나 어떤 도움을 받고자 하는 듯한데, 이런 경우는
피하고 싶다.

장교가 되었건 부사관이 되었건 병사가 되었건 반듯한 이들에게는 먼저 장기를 하라고 추천한다. 반듯하다는 것은 '생각이나 행동 따위가 비뚤어지거나 기울거나 굽지 아니하고 바르다'는 뜻이다. 이들은 평소 생활에서도 어렵지 않게 눈에 뜨인다. 멀리 보이는 모습부터 알 수 있다. 뚱뚱하거나 야위지 않은 건장하고 다부진 체격, 활기 넘치는 당당한 걸음걸이, 어수룩하지 않은 자세, 반짝이는 눈빛 등 외형에서 부터 반듯하다.

가까이서 대화를 하다 보면 또 알게 된다. 환하면서 자주 웃는 밝은 얼굴, 단정한 두발, 짧고 간결한 의사표현을 통해 전해지는 예의! 이런 것은 상급자, 동료, 부하들 모두가 자연스레 느낄 수 있다. 군인으로서 기본적인 외적 자질이 나무랄 데 없는 것이다.

군 생활을 하면서 자연스레 알게 된 것이 있다. 만나서 대화해보면 그 사람의 평소 생활태도도 대충은 알 수 있다는 것이다. 이런 젊은이들은 크건 작건, 중요하건 사소하건 주어진 임무도 깔끔하게 잘 처리한다.

최근 새로운 부대에 부임했다. 어디를 가나 주변 정리부터 한다. 공간만 차지하고 잘 쓰지 않는 것들은 빼낸다. 예전부터 내려온 믿거나 말거나 식의 미신과 관련된 것, 벽에 걸린 오래된 동물 그림 등을 치운다. 출입구를 막던 권위적인 칸막이, 발행 연도가 한참 지난 간행물로 어지러운 책장도 필요한 곳으로 돌려준다. 넓어진 공간에서 사무가구 위치를 조정한다.

잠시 다른 일이 있어 운전병에게 지침을 주고 갔다 왔더니 깔끔하게 마무리를 해놓았다. 중간 중간 물어보면서 확인도 한다. 통신선, 전선 위치, 동선 등을 고려한 자기 생각도 이야기한다. 여기에 더해 청소와 정리도 세세하게 한다. 시간만 나면 졸던 예전의 운전병이 아니다.

운행 중에 졸음도 해소하게 하고 부대 분위기를 파악할 겸해서 대화를 해보면 반듯한 청년이라는 확신이 선다. 전역 후 설계는 물론 이를 위해 착실히 준비도 하고 있는 듯하다. 책상 위의 서적은 시간을 낭비하지 않고 있다고 말해준다. 자투리 시간을 이용해 틈틈이 노력하고 있는 삶에 대한 자세도 엿볼 수 있다. 인지상정인가? 이런 반듯한 친구와 더 같이 있고 싶다.

전역 후 몇 개월 있다가 복학할 계획이라고 한다. 참고 참다 슬쩍 농담처럼 속내를 비치었다.

"제대하면 뭐 해? 연말까지 하사로 같이 있자! 아르바이트니 뭐니 하는 것보다는 정식 월급 받으면 좋잖아?"

"감사하긴 한데 복학 준비도 해야 하고 자격증 공부도 하려 합니다."

"시험 보러 가거나 집에 갈 일 있으면 다 보내줄게!"

계급과 직책, 나이 등 겉보기에는 내가 '갑'인데 오고 가는 대화는 내가 '을'이다. 남들은 하고 싶어 하고 장기가 되고 싶어 안달인데 우리는 거꾸로다.

'이런 친구가 군인이 되고 장기도 되어야 하는데…….'

장기복무, 뭐 보고 뽑나요?

아무 생각 없이 살다 보니 나이가 대충 들었다. 얼마 전까지는 병사들 면담을 하면 부모들 나이가 많았다. 소위 때는 아버지뻘부터 시작해서 삼촌, 큰형으로 간격이 좁아지다가 언제부터인가 비슷해지기 시작했다. 요즘은 동생뻘 부모도 심심찮게 본다. 그래서일까? 학교 동창을 포함해 주변 지인들 중에 자녀가 입대할 나이가 되었다는 것을 피부로 느끼게 된다.

심심치 않게 장기복무에 관해 물어오는 이들이 있다. 그들이 어떤 선입견을 품고 있는지 몰라도 단순히 인터넷 검색을 통해 알 수 있는 것을 확인하는 것 같기도 하다. 가끔은 어떤 특별한 방법이나 불공정한 청탁을 기대하는 것처럼 느껴질 때도 있다. 신분이 어찌 되었건 대답은 간단하게 할 수 있다. 하지만 그런 대답을 기대하지 않았으니, 짧은 설명은 서운함을 불러올 수도 있어 요즘은 나름 자세히 설명해준다.

"장교의 경우, 육본 홈페이지에 통상 12월 무렵 선발 일정이 공지되고 각급 부대로 공문으로 전파됩니다. 개인이 국방 인사 정보체계를 이용해 지원서를 제출하고 부대별 지휘관에 의한 평가와 면접평가, 선발심의, 발표 등의 과정으로 진행됩니다. 임관 연차별 선발 비율이 있으나 최근에는 임관 3년 차에 대부분을 선발하고 있습니다. 선발요소에는 교육성적, 근무평가, 상훈, 체력, 면접, 지휘관 추천, 자격증 등이 있으나 핵심은 지휘관에 의한 평가와 교육성적입니다."

이런 걸 설명해도 곧이곧대로 받아들이지 않으니 답답한 노릇이다. 무언가 2% 부족해한다.

"뭐, 엑기스 같은 그런 거 없나요? 조카라고 생각하고 팁 좀 알려주세요!"

"정 그러시다면……. 일반적인 소리긴 한데…… 어쩔 수 없네요."

"비결 좀 알려주세요! 내 장기만 되면 한턱내겠습니다."

"이거 아무에게나 알려주는 건 아닌데……."

"네, 네."

"일단 지휘관, 상급자에게 충성해야 합니다. 충성하면 인정합니다. 기본을 제대로 해야 합니다. 기본에 집중해야 합니다. 교육받을 때는 공부에 집중하고 체력 특급에 특급전사는 기본이죠. 동료와 잘 지내고 부하들을 동생처럼 아끼면 자연스레 주변에서 장기 하라는 말이

들릴 겁니다. 그러면 됩니다."

"에~이, 초등학생도 알겠구먼, 뭐 비법 없어요?"

"네! 간단합니다. 그러나 아는 것과 실천하는 것은 다릅니다. 정~ 그러시면, 부대에 처음 갔을 때부터 장기 한다고 이야기하고 또 그렇게 행동하면 됩니다. 주변에서 알아서들 챙기고 도와줄 겁니다."

이런 대화를 나누다 보면 떠오르는 게 있다. 다이어트한다며 서점 가서 식단, 운동 등에 관한 책을 사서 보고 유튜브 동영상을 검색하며 공부를 한다. 공부만 하면 다이어트가 되는 줄 착각하는 것처럼 보인다. 차라리 그 시간에 운동이나 하지!

간절함이 성취를 이룬다

　지휘관이나 참모를 하면서 많은 장기 희망자들을 보았다. 어떨 때는 장기복무 심의 면접위원을 하기도 했다. 같은 부대에서 근무할 경우에는 뻔하다. 평소 복무태도나 생활자세 등을 익히 알기 때문이다. 그런데 면접위원을 할 때는 다르다. 짧은 시간 속에 많은 사람을 상대해야 한다. 거기에 더해 주어지는 자료는 제한적이다. 첫 이미지, 외적인 모습이 의외로 결정적으로 작용한다. 심의위원들도 군인 같은 군인이 될 자질이 보이는 후배들을 원하는 듯하다. 이런 것을 인지상정이라고 할까?

　면접하러 오는 모습을 보면 각양각색이다. 덥수룩한 머리, 면도도 하지 않은 얼굴, 지저분한 전투화, 삐딱하게 부착된 부대 마크, 태극기 등이 눈에 거슬린다. 당직을 서거나 훈련 중에 올 수밖에 없는 여러 사정이 있더라도 다 그런 것은 아니다. 똑같은 조건에서 누구는 깔끔하게 하고 온다. 그렇지 않은 사람은 왜 그럴까?

질문하기 전부터 보이는 것이 있다. 앉아 있는 자세, 안절부절못하는 손동작, 힘도 패기도 없는 흔들리는 목소리, 눈을 마주치지 못하고 피하는 듯한 모습을 보면 안타까울 따름이다. 어떻게 저런 자세로 부하들을 이끌까?

본격적으로 질문을 하고 의견을 물으면 또 다른 것이 보인다.
"멀리서 온다고 수고했습니다. 왜 장기복무를 희망하죠?"
"잘 못 들었습니다."
이 간단한 말을 못 들을 정도로 청력이 안 좋은가? 면접하러 온 사람이 평가위원의 질문에 집중을 안 하는가? 너무 긴장해서 그런가? 입에 밴 말인가?
여러 추측을 해보지만 이해하기 쉽지 않다. 혹 어떨 때는 2~3m 거리에서 귀가 따가울 정도로 큰 소리로 대답한다. 예전 TV에서 보던 〈우정의 무대〉 방송도 아니고…….

반면 딱 봐도 마음이 가는 경우가 있다. 당직 후나 훈련 중에 왔어도 깔끔한 복장과 용모, 반듯한 제식동작, 자연스러운 자세, 간단명료한 답을 이해하기 쉽게 적절한 크기와 속도로 말한다. 아마도 평소에도 그랬을 것이라 믿으며 후한 평가를 할 수밖에 없다. 이런 것들은 평소 군인이 되기 위해 노력하고 마인드컨트롤을 한 간절함 때문이 아닐까?

간절함은 어떠한 어려움이 있더라도 그것을 이겨낼 힘을 준다.

역경이란 이겨낸 자만이 가질 수 있는 선물이다.

장기로 선발되기 위한 어려움이나 역경은 기본에 충실하면 대부분 극복할 수 있다. 단정한 용모와 자세, 법규를 준수하는 올바른 생활습관, 부여된 임무의 깔끔한 처리 등이다. 이런 사람은 주변에서 알아서 들 챙긴다. 당연한 사실이다. 세상의 이치이자 순리일 것이다.

Out of sight, Out of mind!

"진인사대천명(盡人事待天命)."

최선을 다한 후 결과를 하늘에 맡긴다는 뜻이다.

그런데 이상하게 윗사람과 틀어지는 경우가 있다. 가끔 실수를 하거나 보여주고 싶지 않은 모습을 보이게 되는 것이다. 그것도 그 대상이 지휘관이라면 조금 심각해진다. 자주 접하지도 못하는데 가끔 볼 때마다 이러면 난감한 상황이 된다. 속된 표현으로 찍히는 것이다.

이럴 때 대부분은 완벽한 모습만을 보이려다 보니 자꾸 피하게 되는데, 장기가 되는 데 있어 가장 절대적인 역할을 하는 사람과 멀어지면 마음도 멀어지게 된다. 지휘관이라고 해서 완벽한 존재는 아니다. 자기를 피하는 부하를 좋아할 이유가 없다.

GOP에서 있었던 일이다. 대대장이 매일 새벽 순찰을 한다. 소대장도 그렇다. 찍혔다고 생각하는 소대장은 자꾸 피한다. 장기를 하려 했는데 자꾸 꼬이니 되도록 만나지 않으려 한다. 차량으로 순찰하는 대대장의 동선을 보면 만날 수도, 피할 수도 있다. 순찰 중 조금 떨어져 있어도 약간만 속보로 이동하면 되는데 그렇게 하지 않는다.

대대장들은 대부분 40대에 접어드는 나이다. 군 생활도 15년 정도는 한 사람들이다. 이쯤 되면 눈치도 보통은 아니다. 갓 임관한 간부들 얼굴만 봐도 척하면 안다고 할 수 있을 정도이다. 특히나 소령 때 참모 생활을 밤낮으로 하며 업무는 물론 상급자와 코드를 맞추기 위해 마음고생들을 실컷(?) 한 사람들이다. 그 과정을 잘 극복하고 중령으로 진급을 한 것이다.

대대장이라는 보직은 대부분의 중령에게는 대령 진급을 위한 첫 번째 보직이 된다. 군 경력상 고급장교로서 첫 번째 단추인 셈이다. 자신만의 철학과 소신을 가지고 부대다운 부대를 만들고자 하는 목표도 갖는다. 50대 중반까지 직업적 안정성도 확보가 된다. 자신의 직업 선택에 대한 애착도 더욱 강해진다.

또 다르게는 중대장 때 이후 초급간부들과 오랜만에 생활하는 시기이다. 20대 초중반의 간부들과는 어쩔 수 없이 세대차이가 날 수밖에 없다. 장기가 되고 싶은 사람과 선발에 결정적 역할을 하는 사람 간에 격차가 존재하는 것이다.

거의 모든 군인은 반듯한 후배들을 잘 지도해서 군의 전통을 발전시켜주기를 바란다. 자연스레 반듯한 후배를 찾아 지도를 하고 싶어 한다. 지도指導란 '어떤 목적이나 방향으로 남을 가르쳐 이끈다'는 뜻이다. 이끌다 보면 마찰도 따른다. 자신보다 군에 대한 경험이나 지식이 월등한 지휘관이 이끄는 대로 가다 보면 마찰로 인해 스트레스라는 열이 발생하는 것은 당연할 것이다. 장기가 되고자 하는 사람은 이것을 피하면 안 된다. 이 과정을 즐겨야 한다.

지휘관이라고 완벽한 인격의 소유자는 아니다. 지도하는 방법이나 표현이 다소 거칠고 세련되지 않을 수도 있다. 그렇다고 피하거나 얼굴이 붉어지거나 표정이 바뀌면 안 된다.

어느 조직이나 '꼰대'들이 존재한다. 다소 표현이 거친 이들이다. 악동이니, 지적 자판기니 하는 별명을 가진 이들도 있다. 피하면 안 된다. 코드가 안 맞느니, 주파수가 틀리다느니 하는 마음이 든다면 더 더욱 심각해진다. 이럴 때는 피하기보다 먼저 다가서고 자주 접해야 한다. 그리고 오해나 왜곡이 없도록 많은 대화를 하는 것이 좋다.

어떤 후배가 해준 말이다. 상급자의 얼굴, 목소리, 심지어 숨소리조차 싫더란다. 출근도 하기 싫고 자꾸 피하고만 싶었다고 한다. 인지상정이다. 이래서는 안 되겠다 싶어 마음을 억지로 바꿔 먹고 좋아하려 노력했다고 한다. 연극을 한다 생각하고 배우처럼 해보기로 했다.

아침에 일어나 "내가 좋아하는 ○○○님 빨리 보고 싶다!"를 세 번 반복하고, 세면대 거울 옆에 '존경하는 ○○○님!'이라는 글귀와 사진도 붙였다고 한다. 사무실 책상, 수첩 안에도 이런 것들을 적어놓았다. 그런데 신기한 것은 언제부터인가 진짜로 좋아지더란다. 그 상급자도 이상하게 잘해주기 시작했다고 한다. 나중에는 인간적으로 스스럼없는 사이로 발전해서 이렇게 물어보았다.

"왜 저를 이렇게 좋아하십니까?"
"그냥 너만 보면 기분이 좋아진다."

누구를 불편해하고 싫어하면 그 사람도 자기를 그렇게 생각하게 된다. 사람은 그렇다. 타인에 대해 이러쿵저러쿵 투덜거리기보다는 나부터 그에게 좋은 사람이 되는 것이 먼저이다.
군인도 사람이고 사람은 다 그런 것이다.

오두가단 차발불가단

'오두가단 차발불가단吾頭可斷此髮不可斷'이란 '목은 잘라도 머리털은 못 자른다'라는 뜻이다. 고종 32년(1895년) 단발령이 내려졌을 때 면암 최익현의 상소문 중 일부이다.

> "신체발부(身體髮膚)는 수지부모(受之父母)이니 불감훼상(不敢 毀傷)이 효지시야(孝之始也)라."

이는 머리털을 자르는 것이 불효가 된다는 유교사상(효경)에서 비 롯된 것이다. 중고등학교 수업시간에 배웠던 기억이 가물거린다. 그 시대를 살았던 현재의 기성세대, 꼰대 세대는 대부분 그럴 것이다.

이런 한자 문구가 시험에도 나왔다. 지금은 가물거리지만 학교에서 들었던 것은 확실하다. 참 공부의 힘은 큰 듯하다. 그렇다고 그 많은 교과서 내용을 다 기억할 수는 없는 것 또한 두뇌의 한계일 것이다. 게다가 국어 점수가 유달리 좋지 않았는데도 불구하고 기억하는 것은 이유가 있다. 머리가 아니라 눈으로 귀로 보고 들은 재미있는 장면이 연상되기 때문이다.

"야~ 인마! 니는 머리가 이게 므꼬? 욜로 와!"
아침 조회가 끝나고 복도에서 장발의 학생이 학생주임 선생님과 마주친 것이다.
"지난주에 이발했는데에!"
"짜슥아! 할라믄 지대로 하지! 이게 므꼬?"
"샘! 신체발뿌는 수지부모라 했음다. 오두가단 차발불가단인데요!"
"알았다. 걸라~~~ 고라믄 대가리는 놔두고 엎드리라!"

잠시 후 '퍽, 퍽, 퍽!' 머리는 잘 붙어 있었으나 봉걸레 자루가 엉덩이에 거세게 부딪쳤다. 키덕키덕 나는 웃음소리! 학생주임 샘의 빈틈을 노리고 편안하게 화장실로 아침 식후 연초를 태우러 가는 아이도, 교실을 나오려다 그 모습을 보며 웅성이는 소리에 제 발이 저려 다시 뒷걸음질 치며 숨는 아이도, 눈살을 찌푸리며 그 옆을 지나가는 아이들도 그 학생주임 샘의 목소리를 기억하고 있을 것이다.

"공부도 못하는 것들이 시험 볼 때는 못 쓰더니만 어찌 이걸 다 기억하노, 희한하네……."

"죄송험다, 샘!"

"모라꼬? 오두가 어째? 차발불가단? 확 차뿔라, 마~ 내일까지 확 밀고 아침에 교무실로 온나! 땡중처럼 안 돼 있으면 확 죽이뿐다! 알 아 므은나?"

지금 꼰대들의 학창시절, 어느 아침 교실 복도에서 있었던 장면이 다. 그러니 이걸 기억 못할 리가 있을까?

그 시절 장발은 중고생뿐 아니라 대학생도, 졸업 후 사회인이 되어 서도 저항의 상징이었다. 그 후 30년도 훌쩍 넘은 어느 부대에서도 두 발과 관련된 이러쿵저러쿵하는 일이 추억을 소환해준다. 바뀐 것이라 면 말없이 시키는 대로 따르던 것에서 이제는 이것을 통제하는 위치 가 됐다는 것이다. 그때는 학생 머리는 그래야 하는 줄 알았다. 그리 고 그렇게 했다. 지금까지 그렇게 하고 살아왔다. 그러면서 군인의 두 발 상태(?) 유지를 위한 지도를 하고 있다.

왜? 머리카락이 뭐라고 기르려는 자와 자르려는 자로 나뉘는지 의 문이다. 그까짓 것 머리카락이 뭐라고?

부모님이 물려주셨기 때문에 손댈 수 없다는 인식은 사라진 것 같 다. 장발이 되면 삼손처럼 힘이 강해지는 것도 아니고. 그렇다면 긴

머리카락은 무엇일까?

자존심의 상징일까? 왜 다들 머리카락 길이 가지고 왈가왈부하는지 궁금하다.

피식 그저 웃음만 나온다.

'그때나 지금이나 그저 따르기만 하며 살아온 나는 뭐지?'

"불개토풍(不改土風)."

'고려의 고유한 풍속을 바꾸지 않는다'라는, 고려와 몽골의 강화교섭 당시에 고려가 내세운 조건 가운데 하나이다. 그 자존심 강하다는 중국 한족도 지키지 못했던 것을 선조들은 지켰다.

이후에 청나라가 중국을 석권하고 변발령을 내렸다. '머리를 남기려면 머리털을 남기지 말고留頭不留髮, 머리털을 남기면 머리를 남겨두지 않겠다留髮不留頭'라고 하며, 이에 불응하면 반역 행위로 간주했다. 그러자 청에 투항한 한족들이 "조선인들도 변발시키고 만주족처럼 옷을 입혀야 한다"라고 주장한다.

그러나 청 황제는 "의관에 목숨을 거는 조선인들이 순순히 따르겠느냐? 활동이 편리한 옷을 입고 나면 군사력 증강이나 실용기술 도입 같은 것에 관심을 둘 수도 있다. 그냥 지금처럼 넓은 소매나 상투에 목숨 걸면서 예법이나 전통만을 고집하게 놓아두어라"라며 허가해주었다고 한다.

이에 대해 연암 박지원은 "변발과 호복胡服을 하지 않은 것은 조선으로서는 다행이었을지 모르지만, 결과적으로 조선을 문약하게 만들었다"라고 평가했다. 또한, 〈허생전〉에는 조선 효종 때 어영대장인 이완이 허생을 찾아와 병자호란 때 겪은 치욕을 갚을 방법을 묻는 장면이 나온다.

"청나라 사람처럼 변발한 첩자를 보내야 한다"라고 하니, "머리카락을 자르는 것은 예법에 맞지 않습니다"라고 답한다. 그러자 허생이 꾸짖는다.
"그까짓 머리털 하나를 아끼고, 또 장차 말을 달리고 칼을 쓰고 창을 던지며 활을 당기고 돌을 던져야 할 판국에, 넓은 소매의 옷을 고쳐 입지 않고 딴에 예법이라고 한단 말이냐?"

당시 지도층의 사고방식을 알 수 있는 대화이다. 하지만 어떤 이유, 상황이 되었건 선조들은 변발하지 않았다. 그 기개가 계속 이어진 것일까? 근대화 시기에는 단발령에 저항했고 그 후에는 장발이 기존 권위에 맞서려는 징표이자 자존심의 상징처럼 자리 잡았다.

지금도 전역을 앞둔 군인들은 머리카락 기르는 것을 어떤 상징처럼 여기는 것 같기도 하다. 말년 병장의 이도 저도 아닌 흉측한 머리 스타일이 그러하고, 줄곧 스포츠 형태를 유지하던 초급간부들도 전역을 앞두고는 단정하지 않고 그저 길게만 하는 행태가 그렇다. 제대를

앞두고도 끝까지 규정을 지키고 따르는 것이 진정한 자존심의 표현이
아닐까?

　그까짓 것 머리카락이 뭐라고, 무슨 상징이 되고 자존심이 되고 그
러는지 모르겠다. 그저 머리카락일 뿐인데…….

병사들도 머리를 기른다고?

작년 연말에 새로운 부대로 전입을 왔다. 한동안 만끽한 자유는 거의 다 사라졌다. 신고 전날에서야 이발을 했다. 긴(?) 머리카락들이 무참히 싹둑 잘려 떨어져 나갈 때 기분이 묘했다. 마치 군 입대를 위해 빡빡 미는 그들이 갖는 느낌을 이해할 수 있을 듯한 착각에 빠지기도 했다. 머리카락을 자른다는 건 뭔가 알 수 없는 의미가 있는 것 같다.

홀홀 털고 이발소를 나왔다. 들어가기 전과는 사뭇 느낌이 달랐다. 뒷머리 쪽으로 느껴지는 차가운 냉기와 거울과 유리에 비치는 모습이 어색했다. 여성들이 기분전환이나 뭔가 변화가 필요할 때 미용실에 간다는데 이런 기분인 것일까?

이발 전이나 후나 머리카락이 짧아진 것 빼고는 달라진 게 없는데 다리에 힘도 들어가고 어깨도 퍼졌다. 가장 큰 변화는 마음가짐이었다.

'나는 군인이다. 그것도 장교이다!'

매일 출근할 때 군복을 입고 전투화 끈을 죄며 시작하는 하루. 집을 나서기 전 거울을 보며 두발과 복장을 다시 확인한다. 두발과 군복은 뭐라 표현할 수 없는 신비로운 힘이 있는 것 같다. 그렇게 출근하고 하루를 시작하는 일상이 감사할 뿐이다. 오늘은 또 어떤 일들, 예상 못한 상황들이 펼쳐질까?

평온한 하루 일과가 끝나는 시간, 과장 한 명이 종이쪽지를 들고왔다. 이발병 임무를 수행했다는 한 명이 쓴 것이라 한다. 작년부터몇 개월 동안 이발을 했고 12월 31일부로 끝나야 했는데 아직도 하고있다는 것이다. 이에 대한 보상이 필요하다는 것이었다. 먼저 상급 부대 지침부터 알아보았다.

〈병 이발 여건 개선사업〉이라는 국방부 시행지침이 12월에 하달되었다. 올해부터 이발비를 병사들에게 월 1만 원씩 지급하여 민간이·미용사에 의해 이발함으로써 병 상호 간 이발을 최소화하고 군 본연의 임무에 전념토록 하여 두발 규정 준수를 강화하기 위한 것이라고 했다. 평일 외출도 되고 이발병의 수고도 덜고 외모를 중시하는 젊은 취향을 고려하면서 규정을 자율적으로 준수하는 여건과 분위기 조성 등 여러 긍정적인 목적을 달성할 수 있으리라는 기대가 반영되어있었다.

또 다른 상급 부대 지침을 확인해보니, 이발 관련 보상은 휴가를 최대 4일까지만 하라는 것이 있었다. 이를 근거로 토의를 한 후 몇 가지를 정했다. 현 이발병에게는 각 1일씩의 휴가로 보상하고 새로운 인원으로 교체한다. 임무수행 기간을 고려하지 않고 몇 명을 이발했는지, 이발한 병사의 두발 상태를 평가한 후 카운트할 것인지 안 할 것인지를 판단한다는 것이 주요 내용이었다. 희망자를 받아 며칠 시행해보니 두발 상태가 훨씬 단정해졌다. 이제 규정을 준수하지 않던 이상한 형태의 두발 상태는 없어졌다.

이발병 관점에서 휴가는 가고 싶고, 실컷 해놓았는데 불합격을 받으면 또 해야 하고, 머리카락을 자르는 입장에서는 자기 요구 때문에 전우의 수고가 더해질 수 있으니 길게 해달라고 하기 어려웠을 것이다. 이렇게 이발, 두발과의 전투를 끝내고 나니 또 다른 외부의 적이 나타났다.

여러 언론 매체에서 앞다투어 "이제 병사들이 머리를 간부들처럼 기를 수 있게 되었다. 인권위에서 병사와 간부에게 다르게 적용되는 두발 규정은 차별이라고 했고 이를 받아들여 개선한다"라는 것이었다. 현행 규정상 병사는 스포츠형만, 간부들은 스포츠형과 간부 표준형 중 선택할 수 있게 되어 있다. 이를 가지고 이러쿵저러쿵하는 말들이 들리기 시작했다. 또 군 내부의 불만을 외부로 표출하고 이것이 어느 분야의 전문가들인지 모르는 사람들에 의해, 인권이라는 프레임을 통해 반사되어 들어온 것이다.

코로나와 싸우며 현행 임무도 벅찬 현실에서 어수선해지는 상황을 정리해야 할 필요성을 인식했다. 아침 회의 때 짧게 이에 대한 지침을 주었다.

"현행 규정은 변경 시까지 유효할 것이다. 알려진 대로 변경된 지시가 있으면 그때 가서 그대로 준수한다. 단, 전시 전환 시기에 사용할 수 있게 이발기는 인가량을 확보하고 언제든지 사용할 수 있게 확보·관리해둘 것!"

응급처치 수준의 지시만 한 것이다. 두발 관련 지침은 지금보다 좀 더 구체적으로 제시될 것이다. 이로 인해 현장에서는 말들이 많아지고 군대의 본질과 다른 것들로 인해 파생된 어수선함은 더해질 것이다. 지금보다 길어진 두발 관리를 위해 저마다 헤어드라이어, 젤 등을 가지려 할 것이고 관물대는 좁아질 것이다.

때로는 전기 코드를 꽂아둔 채 내버려 둘 것이고 간부보다 머리가 길다는 둥, 규정을 지켰느냐는 둥 시끄러워질 것이다.

본질과 벗어난 것들은 만지작거리지 않는 것이 좋은데……. '긁어 부스럼'이라는 말이 귓가를 스쳐 지나간다.

옆머리 1cm! 뒷머리 5cm!

육군은 설문하면서 몇 가지를 언급했다.

"내일이 더 강한, 내일이 더 좋은 육군 육성의 목적으로 두발 규정이 간부와 병사에 대한 통제 규정이 차별되고 간부 표준형의 경우 기준이 구체적이지 않으며 운동형의 기준이 비현실적으로 짧다는 문제점을 인식하였습니다."

라며 전투임무 수행에 적합하며 전 장병에게 공통으로 적용할 수 있는 보다 구체적인 표준형 두발 기준을 마련했다고 한다.

왜 짧고 단정한 두발을 유지해야 하는가? 이에 대해 네 가지 이유를 들었다.

첫째, 전투임무 수행 면에서 방탄헬멧, 방독면 등 각종 전투 장구류를 착용한 상태로 사격, 각개전투 등 전투행동에 제한이 없어야

하고,

둘째, 두부 상처 발생 시 상처식별 및 지혈과 2차 감염 방지가 쉬워야 하며,

셋째, 이발 여건을 갖추지 못한 전장에서 위생관리 소요를 줄이고,

넷째, 단정한 두발을 통해 외적 군기 유지와 함께 국민으로부터 신뢰받는 모습을 견지하기 위함.

개선안으로 앞머리는 눈썹 위 1cm(빗으로 내렸을 때), 필요 시 가르마는 눈 바깥쪽, 뒷머리는 5cm 이내, 옆머리는 기준선 아래 1cm 이내로 밑으로 갈수록 점점 짧아지게, 뒷머리는 중간선 아래는 0.3cm 이내로 점점 짧아지게, 구레나룻은 귀 중간선 위쪽으로 0.3cm 이내를 유지하게 했다. 예외 조항으로 탈모, 상처, 특수임무 수행자는 대대장급 이상 지휘관에게 예외 기준 적용 권한을 부여했고 전역 21일 전부터 기준을 미적용하되 단정한 용모를 유지(단, 전역일 22~30일 사이 1회 이상 이발)하게 했다.

두발 규정을 개선하고자 하면서 그 취지와 이유를 여러 가지로 설명했다. 요약하면 '군인의 두발은 짧고, 단정해야 한다'라는 것이다. 그게 군인에게 맞는다는 것이다.

군인 머리는 짧아야 할까, 길어야 할까?

우리 주변에서 두발에 특정한 제한이 있는 직업을 어렵지 않게 발견할 수 있다. 가장 먼저 떠오르는 것은 스님들의 삭발이다. 그들에게 머리카락은 '번뇌와 세속의 인연'을 상징한다. 반면 같은 성직자인 신부나 목사 등은 머리카락을 자르지 않는다. 그렇다면 스님들은 왜 삭발할까? 그 기원은 싯다르타가 출가하면서 "치렁치렁한 머리칼은 사문 생활에 들어가려는 나에게 적합하지 않다"라며 스스로 머리카락을 자른 것으로부터 시작되었다고 알려져 있다. 이처럼 머리카락은 무명초無明草라고 불리기도 하며 번뇌와 망상을 상징하고, 삭발은 머리카락과 함께 잡념, 세속의 인연과 번뇌를 끊겠다는 의지의 표현으로 보인다.

이와 비슷한 예는 일본의 고등학교 야구선수들에게서도 발견할 수 있다. 학교에 두발 자유화 조치가 시행되었지만, 선수들은 대회에 참가하기 전에 스스로 삭발한다고 한다. 누가 시켜서 그런 것도 아니라고 한다. 아마도 선수로서 좋은 성적을 내기 위한 마음가짐을 다잡기 위한 목적일 것이다. 더욱 열심히 연습하기 위해 마음을 잡고 의지를 곧게 하려는 것으로 생각된다. 그래서 짧은 머리를 스포츠형 머리라고 부르는 것이 아닌가 짐작된다.

그런데 이처럼 스스로 짧게 하는 것에는 문제가 없으나 강제나 강요가 되면 다른 현상이 나타난다. 80년대 노조운동이 시작했을 때 협상 내용에 두발 자유화가 포함되기도 했다. 당시까지 대다수 노동자는 짧은 머리였다. 1987년 현대자동차, 현대중공업에서 노조를 결성하고 처음 요구한 것이 두발 자유화라고 한다.

최근에는 헌법 소원을 제기한 병사가 있었다고도 한다. 참, 머리카락이 뭐라고 그랬는지는 정확히 알 수 없다. 하지만 분명한 것은 있다. 본인의 의지와 상관없이 강제된 짧은 두발은 인간의 자유의지를 억압하는 상징처럼 인식된다는 것이다.

그럼에도 불구하고 군에서는 짧은 머리를 요구한다. 무엇 때문일까?

여러 가지 이유가 있겠지만 가장 근본적인 것은 그곳이 군대이기 때문일 것이다. 상하 지휘체계가 엄격해야 하는 규율을 유지하기 위해 개인의 개성보다는 통일성에 무게를 두어야 하고, 전장 환경의 특성을 생각해 위생적인 측면도 고려해야 한다. 이에 더해 각종 전투 상황, 특히 방독면을 착용할 상황 등에서 효과적인 대처를 하기 위함일 것이다.

그 외 빠트릴 수 없는 이유가 하나 더 있다. 국민의 군대에 대한 신뢰도이다. 예를 들어 군인이라는 신분이 존중받고 군 복무에 대한 보상이 확실한 미국의 경우 군인의 머리에 대해 신체의 자유가 어떻고, 간부들과 차별된다고 평등권을 들먹이는 헌법 소원도 없다. 간부와 병사에게 달리 적용되는 두발 규정이 차별이라면 간부만 하는 출퇴근은 어떻게 할 것인가? 다른 국가기관이나 민간단체에서 이러쿵저러쿵 하는 일은 더더욱 없다. 군대나 군인들에게는 그에 맞는 특성이 있다는 것을 모두가 인정하며 이에 대한 군 수뇌부의 결정을 존중하기 때문일 것이다.

헌법 제11조에는 "①모든 국민은 법 앞에 평등하다. 누구든지 성별·종교 또는 사회적 신분에 의하여 정치적·경제적·사회적·문화적 생활의 모든 영역에 있어서 차별을 받지 아니한다." 제12조에는 "①모든 국민은 신체의 자유를 가진다."라고 명시하고 있다. 하지만 군인 신체의 자유는 군법에 따라 통제되고 있으니 이론의 여지가 없을 것이다. 군인에게 짧은 머리가 효율적이라는 데도 다른 의견이 없을 것이다. 그렇다면 헌법 11조에 따라 간부와 병사에게 다르게 적용되는 두발 규정은 개선되어야 할 것이다. 누가 뭐라 하든 본질에 충실한 방향으로 개선되어야 한다.

그런데 이상(?)하게 가고 있다는 생각이 든다.

불만이 있고 문제가 제기되었으니 반드시 뭐라도 답을 해야 한다?

임기응변식 응급처치는 또 다른 문제를 잉태하게 된다. 종기나 잡초는 뿌리까지 뽑아야 한다. 단지 보이는 단편적인 현상만 무마하려 한다면 어떻게 될까?

불만이 있고 문제가 제기되었다고 해서 무조건 정정방안을 내놓아야 할까?

불만과 문제의 본질이 무엇인지를 들여다본 다음 해결책을 찾는 것이 더 바람직한 방향이 아닐까? 군인의 두발 문제가 인권 침해 관점에서 제기되었다면, 그동안 군인이 짧은 머리를 했던 이유를 하나하나 상세히 제시하고, 군대의 존재 이유에 맞는 해법이 무엇이겠는가를 공론화하는 게 타당할 것이다. 그런데 인권 논란이 일었다고 해서 두발 자유를 허용한다면? 두발 자유화에 따른 제도적 뒷받침은 준비된 걸까? 골치 아픈 논쟁이 발생했을 때 급한 불을 끄는 형식의 대처는 이후에 또 다른 논쟁에서도 '떼법'을 유도할 수 있다. 시끄럽게 떼 쓰는 아이에게 사탕으로 그 순간만 얼버무리며 조용히 시키면 문제가 해결되는 것일까?

군인의 두발은 어때야 하는가? 군인으로서 두발이 짧은 것이 맞는가, 긴 것이 맞는가? 이런 질문이 단순무식하다고 하는 사람도 있을 것이다. 이 질문은 얼핏 단순해 보이지만 군대의 본질과도 닿아 있다. 복잡하고 어려운 문제다. 그러나 그럴수록 단순하게, 본질을 바라보아야 최적의 답을 찾기가 수월해진다.

군인의 두발 길이를 정하는 판단 기준, 그 본질은 무엇일까?

연대장 반성문

출근길 살짝 열린 차창 사이로 시원한 바람이 느껴진다. 봄이 온 것이다. 오늘도 출근할 수 있고 반겨주는 사람이 있다는 것에 감사하며 하루를 시작한다.

부대에 도착하니 당직사령이 맞아준다.

"부대 이상 없습니다. 편히 쉬셨습니까?"

"그래, 수고했다!"

여느 아침과 다른 게 없는 일상의 시작이다. 바로 지휘통제실로 향했다. 아침 회의 때 보아야 할 상황보고 내용을 미리 확인하는 것이 이제는 습관이 되었다.

야간에 상근병 콜비지트Call-Visit 내용을 보는데 당직사령이 한마디 한다.

"어제 코로나 관련 내용으로 통화를 했습니다. 근데 그중 한 명이 휴가였습니다. 아침에 해당 동대장이 전화로 휴가 여건을 보장해야 하는 것 아니냐고 했습니다."

'혹 내가 잘못 들었나? 그걸로 따졌다고? 지난 1년 육군을 잠시 떠났더니 이런 것도 바뀌었나? 하기야 요즘 군대가 하도 빠르게 변화하니 내가 몰라서 그러나? 그래도 이건 아닐 건데……'

잠시 생각에 빠졌다. 휴가가 기본권이기 때문에 휴가 때 부대에서 전화하면 불편할 수 있겠다 싶기도 했다.

하지만 군인은 상시 통신축선상에 대기해야 하고 비상상황 시 연락대책이 유지된 상태로 있어야 한다. 기본 중의 기본인데 기본권을 이것과 연관 짓다니 가슴이 먹먹했다.

사무실로 와서 과장, 주임원사와 커피 한잔 했다. 평소 정신을 맑게 하고 기분을 좋게 하던 그 향이나 맛이 느껴지지 않았다. 이런저런 현안 보고와 지침을 주고받다가 대화는 자연스레 그 동대장의 항의 전화로 이어졌다.

"그 보고를 할 때 내가 어떻게 반응했지?"

"얼굴에 웃음이 사라지고 잠시 말씀이 없으셨습니다."

부대에 있어봐야 좋지 않은 영향을 줄 것 같아 습관대로 동굴로 들어갔다. 시간 계획과 무관하게 주임원사와 밖으로 나왔다. 전역을 1년 정도 남기고 이제 한 달 정도만 있으면 전직 교육을 받으러 가는 주임원사에게 물어도 이건 좀 아니라고 한다.

이동 중에 생각을 정리해보았다. 반성이 되었다. 코로나니, 뭐니 이런저런 핑계로 부하들을 잘못 지도한 책임이 느껴지고 이제 그것으로부터 벌을 받는 것이다. 보직된 지 70여 일밖에 안 되었다는 변명도 스스로 해보지만 옹색할 뿐이다. 군에 몸담은 부하들에게 생각할 자극을 주어야겠다는 결론에 이르렀다. 짧게 편지 하나를 썼다.

〈연대장 반성문 21-1호〉
수신 종결 : 전 간부(예비군 지휘관 포함)

매사에 감사하며 반성합니다!

1. 1차 연대장 시절에 함께 근무했던 하사가 전역 후 돈을 빌려달라고 해서 조치해주었습니다! 혹시 어려운 분이 있으면 도움을 요청하길 바랍니다!!!

2. 휴가자에게 당직사령이 콜비지트하여 ○○동대장이 연대로 휴식 여건 보장을 바란다는 전화를 했다고 하는데 주의하겠습니다!!!

3. 혹, 또 다른 애로사항이나 건의사항, 연대본부가 이해가 안 되는 사항은 될 수 있는 대로 저에게 직접 물어주기를 권장합니다.

4. 부대 방문 시 부담을 드리지 않게 조심하겠습니다. 될 수 있는 대로 시간 계획을 지키도록 하겠습니다.

5. 끝으로 이 글을 읽는 분들은 군복 입은 사람임을 늘 자각하기를 바랍니

다! 저도 생각하며 말하려 하는데 실수가 잦았나 봅니다. 반성합니다!

따뜻한 날씨와 새싹이 움트기 시작하는 계절에 맞춰 잡초들도 보이기 시작합니다.
초기에 뿌리째 뽑아내는 것이 좋습니다. 주변도 깨끗해지고 나중에 수고나 번거로움도 줄일 수 있습니다.
즐거운 휴일, 전투력 복원 잘하시기를 바랍니다.

210312. 여러분이 있기에 존재하는 연대장이 씀.

바뀐 전화번호도 몰라 카톡 통화로 돈을 빌려달라는 예비역 하사, 매너리즘에서 벗어나고 긴장감을 유지하게 하려고 시간 계획을 바꿔 예하 예비군 중대를 방문하는 것을 투덜거리는 것, 상근병에 대한 콜 비지트 등에 관한 것을 정리했다.

물론 상근휴가 여건 보장을 위해 노력하고 부대 방문 시 부담을 주지 않기 위해 노력하겠다며 '조심', '주의'라는 단어를 썼다. 그 단어를 어떻게 받아들일지 궁금했다.
봄이 되며 싹트기 시작하는 잡초로 비유하기도 했다. 잡초가 무엇을 뜻하는지 생각은 할까? 정원이나 화분에만 자라는 것이 아닌 걸 이해할까? 사람의 머릿속에서도 자랄 수 있고, 그 머리가 자신의 것일 수 있다는 사실을 인식할까?

세상이 변하고 군대 문화가 변해도 본질은 그대로여야 한다. 잠시 맡겨진 작은 지휘권으로 그들의 머릿속에서 자라고 있는 잡초를 얼마나 뽑아낼 수 있을지…….

군인에게 군가란 무엇인가?

군가는 '군대 노래'이다. 사전적으로는 '군대의 사기를 북돋우기 위하여 부르는 노래. 주로 군대 생활과 전투 활동을 담은 가사에 행진곡 풍의 선율을 붙인다'라고 되어 있다. 군대가 없는 나라는 있어도 군가가 없는 군대는 없다. 군대가 없는 나라는 바티칸, 리히텐슈타인, 그레나다, 도미니카연방 등 소수이다. 그 외 군대가 있는 나라는 모두 군가가 있다.

총 없는 군인을 상상할 수 없는 것처럼 군가 없는 군대도 상상할 수 없다. 군인이 총으로 무장한다면 군인의 정신은 군가로 무장한다고 해도 과언이 아니다. 군인에게 군가는 어떤 의미일까? 비유가 적절할지 모르겠지만 기독교인에게 찬송가, 불자에게는 불경과 같지 않을까 싶다.

〈쿠오 바디스Quo Vadis〉라는 제목의 아주 오래된 영화가 있다. 《쿠오 바디스》라는 동명의 소설을 1951년 미국에서 영화화한 것이다. 《쿠오 바디스》는 폴란드 출신의 기자 작가 헨리크 시엔키에비치가 로마 황제 네로의 기독교 탄압을 소재로 써서 1905년 노벨문학상을 받기도 한 역사소설이다.

'Quo Vadis, Domine'는 라틴어로 '주여, 어디로 가시나이까?'라는 뜻이다. 영화 속에는 아직도 잊히지 않는 장면이 있다. 로마를 불태우고 기독교인들의 소행이라고 책임을 전가한 네로가 원형경기장에서 굶주린 사자를 풀어 기독교인들을 죽이려 한다. 이때 베드로가 말한다.

"하나님께서 모두 구원해주실 테니 두려워 말라."

그 말을 듣고 사람들은 찬송을 시작한다. 굶주린 사자를 풀어 사람들을 죽이지만 찬송은 멈추지 않는다. 다시 사람들을 불에 태워 죽이는데도 다시 찬송을 시작한다. 그 공포와 고통을 찬송으로 이겨내는 모습이 눈에 선하다. 그들에게 찬송은 어떤 의미였을까?

2차 세계대전이 종전으로 치닫고 있던 1944년 12월 16일, 독일군은 기울어져 가는 전세를 뒤집어보려고 시도한다. 〈라인강을 보아라Unternehmen 'Wacht am Rhein'〉라는 작전명으로 일명 아르덴 공세를 펼친 것이다. 연합군에게 마지막 공세를 취하기 위해 남아 있는 전차들과 훈련되지 않은 병력까지 다 끌어모아서 최후의 반격을 한 것이다.

이를 영화로 만든 것이 〈발지 대전투Battle of the Bulge〉이다. 'Bulge'는 독일군의 공세로 전선이 주머니처럼 볼록하게 나온 모양을 뜻한다. 영화는 실제 전투가 있었던 약 20년 전 날짜에 맞추어 1965년 12월 16일 개봉했다.

독일은 이 공세를 위해 전차전에서 두각을 나타낸 헤슬러 대령을 선봉 부대 파이퍼 전투단 지휘관으로 임명한다. 전투를 준비 중이던 헤슬러(실존 인물 요하임 파이퍼)는 그를 보좌하는 부사관 부하로부터 전차병들이 실전 경험이 없는 신병들이라는 말을 듣고 상급 지휘관과 같이 부대원들을 만나보기로 한다. 앳된 얼굴로 도열한 부대원을 보며 실망한 모습으로 장군과 대화를 나눈다.

"실전 경험이 없는 신병들 같습니다. 온통 애들뿐입니다."
"그들은 적어도 전투에서 패배한 경험은 없어!"
"자기들 임무는 뭔지 압니까?"
"자네를 위해 목숨을 바칠 준비가 되어 있네!"

장군은 그렇게 말하고 가버린다. 분위기가 가라앉은 채 그는 심각한 표정이 되고, 주변은 조용해진다. 이때 한 병사가 〈Panzerlied〉라는 군가를 선창하자 나머지도 발을 구르며 박자를 맞추어 따라 부른다. 대령의 어두운 표정이 펴진다. 군가는 점점 더 커진다. 이때까지도 부대가 전투 경험이 없는 신병들로 구성되었다며 걱정한 그 부사관은 계속 굳은 표정으로 입을 다물고 있다. 그에게로 다가간 대령은 따라 부르라고 한다. 마지못해 부르는 그에게 크게 할 것을 지시하며 본인도 따라 부른다. 군가를 함께 부르며 부하들은 지휘관에게 신뢰를 주고, 지휘관은 부하들을 믿게 된다.

군가가 무서운 힘을 가지고 있는 것을 단편적으로 보여주는 장면이다. 고대로부터 전장에서 울리는 진군의 북소리, 돌격 나팔 소리는 심장을 울리고 전의를 불태웠다. 전투에서 돌격 나팔 소리는 적진을 향해 돌진하는 용기를 불러일으키기도 했다.

전쟁이 아니더라도 그런 사례는 많다. 심지어 밤을 새운 행군에도 군악대의 군가 연주를 들으면 힘이 나기도 하는 것이다. 어떤 이는 찌뿌둥한 아침에 군가를 들으며 하루를 힘차게 시작한다고도 한다. 이처럼 군가는 젊은 용사의 피를 끓게 하는 에너지가 있다.

가끔은 20대를 같이한, 전역한 지 오래된 중년의 부하들과 만나 술잔을 기울이는 경우가 있다. 벌써 20년이 훌쩍 지나고 이제 조금 있으면 아이들이 군대에 갈 나이가 되어간다. 배불뚝이에 머리가 조금 벗어지고 세월의 흔적이 얼굴 여기저기에 남아 있다. 그럼에도 불구하고 4/4박자 단순한 리듬에 맞춰 군가를 부르며 청춘을 바친 그때로 돌아가 나라를 걱정하기도 한다.

가끔 생각난다. 훈련 후 저녁식사를 하며 반주를 곁들이고 얼큰하게 취해서 시골길을 따라 관사로 돌아갈 때, 누가 먼저 시작했는지 모르지만 군가에 발을 맞추어 부른 기억이 있다. 비록 피로와 알코올에 찌든 몸이지만 군인으로서의 본분을 자각하게 하는 힘을 가진 그것이 군가가 아닐까?

군인이 총으로 무장한다면, 군인정신은 군가로 무장하는 것 같다.

교회에서 들리는 찬송가, 사찰에 퍼지는 목탁 소리와 불경 읽는 소리, 군대에서 들리는 군가 소리가 가지는 본질은 무엇일까?

전쟁이 시나리오대로 되나?

갑자기 아파트 앞 하늘에 전투기가 쌩 하고 날아간다. 깜짝 놀랐다. 이렇게 가까운 거리에서 보다니. 소리도 엄청나게 크다. 전방에서도 이런 모습은 자주 보지 못했다. 특히 민간인이 많은 후방지역에서는 거의 접하기 어려운 모습이다. 마치 항공기가 지상 목표물을 공격하는 듯하다.

CAS^{Close Air Support, 근접항공지원}. 지상부대의 요청에 따라서 항공기가 폭격해주는 전투 개념이다. 육군으로서는 적과 가까운 거리에서의 전투를 유리하게 이끌 수 있는 전투 수행 방법이다. 전장을 2차원에서 3차원으로 확대한 것이다. 2차 세계대전 초기 독일군이 급강하 폭격기 슈투카를 이용해 자신보다 많은 수를 가진 연합군 전차부대를 상대로 펼친 전격전도 이를 활용한 것이다. 그 이후 6·25전쟁, 월남전 등에서 보여준 미군의 항공기 폭격이 바로 CAS이다.

무더운 초여름 점심식사 후 단잠을 깨운 전투기 굉음은 CAS라는 단어를 매개로 추억을 꺼내주었다.

강원도 최동북단의 해안 경계를 담당하고 있던 중대장 때였다. 6·25전쟁 전에는 북한 땅이었고 이승만, 김일성 별장이 있었으며 명태, 오징어가 많이 잡히는 곳이었다. 너무 북쪽이어서 그런지 민가는 드물고 해안은 낭떠러지 등으로 차량 순찰이 불가한 곳이 대부분이었다. 병사들은 오르락내리락하는 순찰로를 따라 매일 밤 무거운 총, 탄약, 야간감시장비들을 들고 땀과 함께 걷고 또 걸어야만 했다.

무장 공비가 해안으로 침투해 유유히 월북하기도 했고, 전마선이 밤새 떠내려와 수제선에 좌초되어 경계를 책임지던 지휘관들이 문책을 받기도 했다. 이러한 긴장감과 험한 지형 탓인지 자살·자해 사건, 안전사고도 많은 지역이었다. 이렇게 취약한 곳을 책임지려다 보니 1주에 한 번은 링거 주사를 맞으며 부족한 잠과 체력을 보충했다.

사고 없이 경계작전을 하는 것은 상급 부대에서 원하는 것이기도 했다. '경계에만 집중하라! 한 마리 잡아 집에 가자!' 등의 구호가 일상 속에서 같이했다. 그러나 군대의 특성은 변하지 않는가 보다. 무언가 잘되는 부대, 개인에게는 추가적인 임무가 부여되는 것이다.

군단에서는 연대를 대상으로 CAS 능력을 분기별로 평가했다. 연대가 3회인지, 4회인지 연달아 꼴찌를 했다. 경계작전에 전념할 수 있는 여건을 보장하기 위해 예비 대대에서 차출했으나 신통치 않은 결과였다. 연대 작전 장교로부터 한 통의 전화가 왔다.

"그 사고 잦은 곳에서 잘해주어 고마워! 힘든 지역이라 해안 투입 직전에 김 대위에게 맡기기로 한 거니 이해해!"

"믿고 맡겨주셔서 감사합니다. 조용한 밤바다 보며 재미있게 지내고 있습니다."

"거기는 매 부대가 한 건씩 한 곳이니 조심하고."

"알고 있습니다. 걱정하지 마십시오."

"근데 이번에 군단에서 CAS 능력평가가 있는데 좀 나가줄 수 있어? 연대장님께서 매번 꼴찌만 해서 입장이 난처해. 작전과장님께서 너를 보내라 하셨고, 대대에는 이야기할 거니 걱정하지 말고. 꼴찌만 안 하고 오면 되니까 부담 갖지 않아도 돼!"

그동안 제일 싫어하던 군대 격언도 생각났다.

"더도 말고 덜도 말고 중간만 해라."

동시에 여러 생각이 떠올랐다.

'오죽 급했으면 나를 찾았을까? 그래도 인정해주니 고맙기도……. 경계에 전념하라면서 부과 임무를 주고……. 측정 준비를 하려면 가뜩이나 부족한 잠을 더 줄여야 하고, 그렇다고 순찰을 안 할 수도 없고…….'

피곤하게 생겼다. 정말 과로로 죽을 수도 있겠다는 생각이 들었다.

평가 시간도 최악이다. 오전 10시이다. 운전병이 졸음 운전할 수도 있어 소초에 가서 쉬게 하고 통신병을 데리고 도보 순찰을 했다. 바닷가라지만 절벽 길을 걸으니 온몸은 땀에 흠뻑 젖었다. 오징어 배 불빛을 보며 걷다가 밀어내기조, 초소 고정조를 만나면 사탕 하나씩 주며 수고하라고 격려했다. 소초장들은 걱정스러운 눈치다.

"중대장님! 평가가 오늘이지 않습니까? 저희에게 맡기시고 좀 쉬십시오."

"내가 쉬면 너희도 중대도 다 쉴 거잖아."

말은 그리 해도 고마웠다. 병장들도 만나면 같은 소리다. 중대장이 연대를 대표해 평가를 받는다는 소식을 다 아는 모양이다. 오전에 평가가 있으니 순찰을 대충 할 것이라 예상하며 지켜보고 있었던 것이다. '어항 속의 금붕어'와 같은 신세이다.

평가 장소에 도착하니 약 수십 명이 벌써 와 있었다. 모두가 G-FAC 카드 예문을 읽고 암기하고 있었다. 아침 수제선 정밀정찰을 끝내고 오다 보니 겨우 평가 직전에 도착할 수 있었다. 다들 한 번씩 쳐다본다. 혼자만이 엑스반도에 방탄헬멧, K-1 소총, 휴대용 무전기를 들고 왔기 때문일 것이다.

평가는 상황을 부여받고 아군 항공기를 유도해서 ○번 도로상 교량을 파괴함으로써 적의 남하를 지연시키는 것이었다. 브리핑 카드를 작성하고 나서 주변을 둘러보니 다들 열심히 뭔가를 쓰고 있었다. 먼저 내려니 머쓱하기도 해서 몇 분 기다리다 결국 1번으로 제출했다. 공군 중령분이 저쪽 가서 무전기를 잡으란다. 바로 실기평가가 이어졌다.

머릿속에서는 무엇을 해야 할지 그려졌다. 무전기 감도 체크로부터 조종사 또는 A-FAC과 폭격 유도를 위한 시나리오가 떠올랐다.

호출은 정상적으로 진행되었다. 그런데 무언가 이상하다. 'Radio Check'를 해야 할 차례인데 말이 없다. 다시 호출하니 잡음에 무전기 키 잡는 소리만 들린다.

"Stand by! Let me check radio, just a moment." (G-FAC)

무전기를 확인해도 이상은 없다. 다시 호출해도 아무 반응이 없다. 그 중령분께 가서 뭔가 이상하다고 이야기했다.

"제 무전기는 정상 작동하는데 A-FAC 무전기가 이상합니다."
"문제 없으니 다시 해봐!"

돌아와서 해보니 이번에는 감도가 너무 안 좋다.

"Your voice is 1 by 2, stand by, I'll check volume button." (G-FAC)

볼륨을 내렸다 올렸다 한 후 다시 시도하니 정상적으로 되었다. 실기는 망쳤다는 느낌이 왔다.

"평가 끝났으니 복귀하겠습니다."
"왜 단독군장을 하고 있어?"
"해안 경계작전 중에 왔습니다. 수고하십시오. 충성!"

돌아오는 마음이 편하지 않았다. 어떻게 되었건 평가는 끝났고 빨리 가서 자고 싶었다. 점심시간이 되어 연대본부 앞 중국집에서 짬뽕한 그릇씩 먹었다. 참 맛있게 먹는 운전병이 부러웠다. 복귀하자마자 해수욕장 개장 준비 토의에 바로 참석했다. 가는 길에 연대, 대대에서 '평가 중요한데 잘 봤냐'며 물어온다.

무전기 때문에 망쳤다는 말 대신에 '필기 제일 먼저 내고 실기도 첫 번째로 보았다'고 얼버무렸다. 다음 날 연대별 결과가 들렸다. 꼴찌를 면했다는 것이다. '휴, 다행이다, 창피는 면하겠다'라 생각되었다. 마음이 편했다.

지금까지 꼴찌였는데 중간 수준으로 올라갔으니……. 같이 간 동료들에게 전화해서 고맙다고도 했다.

며칠 후 다른 이야기가 들렸다. 일등을 해서 군단장 표창을 받는다는 것이다. 좀 이상하기도 하고 궁금하기도 해서 그 평가관에게 전화해보았다.

"고마워할 필요 없어. 자네가 제일 실전적으로 한 거야. 나머지는 감도 체크도 엉터리고 감도가 '1 by 2'라 하는데도 무시하고 암기한 대로 하고……. 전쟁이 시나리오대로 될까?"

맞는 말이다.
서양의 한 전쟁사 연구가는 말했다.

"전쟁 계획은 첫 총성과 함께 틀어진다!"

특급전사, 당신도 될 수 있다

열차, 호텔, KTX, 유람선, 버스 등등 '특급'이 붙으면 좋지 않은 것이 없다. 특급 외에 나머지는 왠지 좀 부족한 느낌도 든다. 우리는 어떤 곳에서 무엇을 하든지 잘하고 싶어 하면서도 부러워하지 않는 척하려고도 한다. '부러우면 지는 거다'라는 말이 그래서 나온 듯하다. 사람들은 누구나 겸손한 특급이 되고 싶어 한다. 이는 인간의 본성 같기도 하다.

반면 또 하나의 인간적인 속성은 쉽게 무언가를 가지려고도 하는 것이다.

"저 살구는 맛이 없을 거야."

이솝 우화의 여우도 생각나고,

"도둑놈 심보."

어른들 속담도 많이 들었다.

이런 현상은 군대에서도 많이 발견된다. 역시 군대도 사람 사는 세상이다.

군대에서는 잘하고 못하는 것, 새것과 헌것 등을 특급, 폐급 등으로 나눈다. 미군도 역시 나눈다.

A급은 포장을 뜯지 않은 신품.
B급은 포장을 뜯고 한 번 쓴 것.
C급은 조금 수리해서 쓰는 것.
D급은 분리수거장 가야 할 것.

물건 말고 군인도 나눈다. 특급과 그렇지 않은 경우!
특급은 군대에서 갖출 것 다 갖추었으니 좀 쉬어야 한다. 바로 휴가다! 그렇지 않으면 노력해야 한다. 아니면 군복을 벗어야 할 것이다. 징병제이니 그럴 수는 없고, 포상에 차이를 둘 수밖에 없다.

최근 특급전사가 아니면 차별했다며 그 장수를 이러쿵저러쿵하는 일이 있었다. 할 말을 잃었다. 훈련이 빡세다고 징징거리면 어떻게 하나? 물론 할 수는 있다. 하지만 훈련은 제대로 해야 한다.

대대장 때 설문을 받았던 기억이 떠오른다. 다른 부대들과 달리 장기자랑, 독후감발표, 체육대회 등에서 사기진작이라는 핑계로 난무하는 포상휴가에 조건을 단 것이다. 포상휴가증은 주되 유효기간을 3개월로 명시하고 그동안 특급전사가 되지 않으면 없어지는 것으로 했다.

여기저기서 불만이 터져 나왔다. 군단장님께 불평을 쓰고, 신병들은 전입 신병 집체교육 간 설문에 애로 및 건의 사항이라며 일부 선임병들의 사주를 받아 불만을 쓰기도 했다. 심지어 부대를 바꿔달라고까지 했다고 한다.

더욱 가관은 이런 소리를 듣고 한마디씩 하는 상급 부대 간부들이었다. 조언이랍시고 병사들 편을 거드는 것이다. 포상휴가 규정에 어디에도 노래 잘하고 춤 잘 춘다고 포상휴가 줄 수 있다는 내용은 없다. 이런 포상휴가를 주는 군대를 신뢰할 수 있을까?

말이 특급전사이지 실상은 기본전사인 셈이다. 부대마다 조금씩 다르지만 사격, 체력, 정신전력 평가에서 기준을 통과하면 된다. 20대 초반의 신체 건강한 사람이라면 약간의 노력으로 누구나 될 수 있다. 사격이야 많이 자주 하면 되는 것이고, 체력 특급 3km 달리기 12분 30초, 윗몸일으키기 2분에 70여 개, 팔굽혀펴기 2분에 80여 개 등 충분히 가능한 것이다. 40대 초반의 대대장도 가능했다. 이 정도 수준은 쉽게 표현해서 '전투에 대비한 군인이 가져야 할 기초 소양' 정도로 여기면 되는 것이다.

이 정도는 갖춰야 포상휴가를 받을 A급의 기초 자격이 되지 않을까?

포상이란 경계, 작전, 훈련 등에서 공적이 있는 장병에게 주어지는 것이다. 훈련이 쉽고 편한 군대가 전투에서 이겼다는 이야기를 들은 적이 없다.

훈련 힘들다고 곡소리 나는 사기가 높은 군대 이야기를 듣고 싶다!

모병제인들 어떠하고,
징병제인들 어떠할까?

좋은 나라, 나쁜 나라?

'모병제를 찬성하느냐, 반대하느냐?'

이런 제목을 가진 토론이나 간담회, 찬반논쟁의 말장난을 보면 안타깝다. 프레임을 정해놓고 그 안에 사고의 틀을 묶어놓은 것이기 때문이다.

가까운 사람들로부터 이런 질문을 가끔 받는다.

"전시작전통제권을 우리가 가져야 하나요, 아니면 지금처럼 다른 나라에 맡겨야 하나요?"

"일본은 좋은 나라인가요, 나쁜 나라인가요?"

이런 종류의 질문을 받을 때면 가슴이 답답해진다. 국가 차원의 중요 사항에 대한 판단에서 개인의 성향이나 기호, 호불호가 결정적 요소로 작용하고 있다. 그 사고체계와 시각, 마인드의 프레임 설정이 안타까울 따름이다.

쉬운 것부터 접근하면, 국가 차원에서 타 국가를 대할 때는 '국익에 도움이 되느냐'가 본질이 아닐까? 좋은 나라가 어디 있고, 나쁜 나라가 어디 있는가? 초등학교 수준도 안 되는 사고방식이다.

북한이 좋은 나라인가? 북한은 우리의 생존을 직접 위협하는 실존적 집단이다. 현대적 기준으로 국가라고 할 수도 없다. 6·25전쟁뿐 아니라 그 이후 수많은 크고 작은 도발로 우리의 존재를 위협해왔다. 가까이는 표류한 공무원 살해, 천안함 피격, 금강산 관광객 피살, 연평도 해전, KAL기 폭파, 아웅산 테러, 수많은 납치, 무장간첩의 만행 등 그 예를 들기에도 벅차다. 이런 걸 나열하면 '나쁘다'는 표현이 떠오르지만, 본질은 우리의 생명과 재산, 자유를 위협하는 변함없는 존재라는 것이다.

일본에 대해 받았던 질문도 생각난다.
"일본에 대해 어떻게 생각하세요?"
"자유민주주의, 시장경제라는 공통점을 가지고 있고 우리 안보를 위해 결정적인 역할을 하는 나라입니다."
"나쁜 나라 아닌가요?"
"……."

"일제강점기 때 위안부, 징병, 징용 등 우리를 괴롭혔잖아요! 소녀상 문제도 있고⋯⋯."

"그건 맞습니다."

"그런데 싫지 않아요? 군인이 어떻게 일본이 나쁘지도, 싫지도 않죠?"

마침 전화가 와서 대화는 자연스레 끊어졌다. 뇌구조와 사고체계가 너무나 달라서 같은 주제로 대화를 이어나간다는 것은 쓸데없는 에너지 낭비이다. 짧은 인생을 헛되게 보내는 것 같아 자리를 떴다. 누가 저런 사고 시스템을 심어주었는지? 자생한 것인지? 궁금했다.

국가를 판단할 때 '좋다, 싫다', '나쁘다, 착하다'로 나눈다? 그저 웃음만 나왔다. 갑자기 한 광고 문구가 생각났다.

"침대는 가구가 아닙니다. 과학입니다."

몇 년 전에 유행했던 침대회사 광고 문구이다. 멋진 표현이었다. '광고 기막히게 한다!'라고 생각했다. 그러다 나중에 들은 이야기 때문에 씁쓸한 웃음이 나온 적이 있었다. 이를 곧이곧대로 받아들인 초등학교 학생들이 시험에서 오답을 내었다는 것이다. 그러자 언론에서 이 광고 문구를 비판하기 시작했고 학부모들이 들고 일어나 결국, 그 광고가 사라지고 말았다.

순수한 초등학생들이야 다시 알려주면 그대로 받아들이기라도 한다. 그럴리야 없겠지만 상대편 경쟁사에서 언론을 이용해 그 광고 카피를 못 사용하게 한 것은 아닐까? 요즘 들어서는 이런 의심을 가끔 한다.

팩트에 기반한 지식이나 자기 생각 없이 누군가에 의해 주입된 편향된 사고, 누군가가 만들어놓은 프레임에 갇혀 살면서 그것을 신념화까지 한 사람들을 볼 때면 안타까울 따름이다.

전시작전통제권을
가져오는 것이 맞을까?

'전시작전통제권' 당연히 가져와야 한다!

전시작전통제권戰時作戰統制權, Wartime Operational Control, WT-OPCON은 줄여서 '전작권'이라고도 부르며, 전시에만 적용된다. 현재는 한미연합사가 전작권을 가지고 있으며, 전작권 환수는 '한국과 동맹국의 결정적인 군사 능력이 갖춰지고 한반도와 역내 안보 환경이 안정적인 전작권 전환에 부합할 때'까지로 연기되었다고 한다.

쉽게 표현해서 독자적인 전시작전권 행사가 가능한 조건이 충족될 때까지 연기되었다는 것으로 받아들이면 될 듯하다. 어느 정도 이해할 만한 합리적인 방안이라고 여겨진다. 국가안보라는 중대한 사항에 정신승리만을 추구하지는 않게 되었다. 만약 현실과 동떨어진 '의지'만을 내세운 방향으로 진행되었다면 끔찍한 결과가 나왔을 수도 있지 않을까?

정신승리만을 추구하다가 낭패를 본 사례는 어렵지 않게 찾을 수 있다. 2차 세계대전 때 일본군의 반자이 돌격이 그러하다. 태평양 전쟁의 분기점이 된 과달카날 전투에서도 쉽게 찾을 수 있다.

1942년 8월 7일, 미군은 기습적으로 과달카날에 해병 1사단 1만 5천여 명이 상륙해 일본군이 거의 완성한 일명 헨더슨 비행장Henderson Field을 점령했다. 이로써 미군은 남태평양을 탈환하기 위한 교두보를 확보했고, 일본군은 미국에서 호주로 이어지는 병참선을 차단할 수 있는 전진기지를 잃게 되었다. 이를 회복하기 위해 일본군도 상륙해서 재탈환을 위한 공격을 시작한다.

당시 일본군은 미군이 '그냥 좀 겁만 주면 항복하겠지……'라고 생각했다고 한다. 선발대 900여 명은 일루강 하구에서 무작정 반자이 돌격을 시작한다. 심지어 장교들은 일본도를 들기도 했다고 한다. 그러나 상대에 대한 정보도 없이 멋지게 돌격한 결과는 처참했다. 철조망과 기관총, 모래주머니, 경전차까지 완비된 방어선 앞에서 전멸한다. 미군이 집계한 일본군 전사자는 800여 명이었다.

여기서 그치지 않고 과달카날 전투 끝까지 반자이 돌격은 계속되었고, 그 결과는 정신적 붕괴에 그치지 않고 태평양 전쟁의 분기점이 되었다.

일본만 이런 것은 아니다. 우리나라에도 가슴 아픈 사례가 있었다.

우금치 전투牛禁峙戰鬪로, 동학농민운동 때인 1894년 12월 5일 농민군이 결정적으로 패배한 전투이다. 농민군 2만여 명이 일본군 200여 명이 포함된 조일 연합군 2천여 명에게 대패한 전투이다.

농민군은 숫자가 압도적으로 많았으나 무장이라고는 최대 사거리 400m, 최고 발사속도 분당 2발, 심지에 불을 붙여 쏘는 화승총이었다. 그마저도 소수였고 대부분은 죽창으로 무장했다. 지휘체계와 전술교리도 없는, 훈련을 받지 않은 사기만 충천한 군대였다.

이에 반해 상대는 독일제 크루프 야포, 사정거리 1,800m, 분당 12발을 쏠 수 있는 최신형 영국제 스나이더 소총, 일본이 자체개발한 무라타 소총, 미국제 개틀링 기관총 등 당시로서는 최첨단 무기로 무장한 체계적인 군대였다. 이러한 군대에 대하여 밀집대형으로 반복적으로 행해진 돌격은 자살행위나 다름이 없었다. 사망자가 15,000:0이었으니 전투가 아니라 학살이라고 부를 만한 정도였다.

붉은 천으로 장식한 가마를 타고 지휘한 전봉준과 새로운 세상을 꿈꾸던 농민들의 높은 기개로 수십 차례를 돌격하는 등 승리에 대한 의지는 높았으나 전장의 냉혹함은 분명했다. 정신승리가 현실에서 어떻게 나타나는지 보여준 참혹한 결과였다.

6·25전쟁 이후 한반도에서 전쟁이 없는 것은 북한이 이길 수 없다는 인식을 하고 그 피해가 더 클 것이라는 이유일 것이다. 우리는 미군과 연합해서 군사력을 지금처럼 건설해왔다. 이런 균형이 있기에 나름대로 평화를 유지하고 있는 것이다. 이것이 깨어지면 어떻게

될까?

북한의 노동당 규약 전문에는 "조선로동당의 당면 목적은 공화국 북반부에서 사회주의 강성대국을 건설하며 전국적 범위에서 민족해방, 민주주의 혁명 과업을 수행하는 데 있으며 최종 목적은 온 사회를 주체 사상화하여 인민대중의 자주성을 완전히 실현하는 데 있다"라고 적화통일을 최종 목적으로 명시하고 있다. 변한 것이 없다.

평생을 군복을 입고 살아온 입장에서 전시에 외국군의 지휘를 받는 현실이 달가울 리는 없다. 언제인가는 우리가 우리 군을 독자적으로 지휘해야 한다. 하지만 그것은 현실적으로 가능할 때의 이야기이다. 자존심, 정신승리만으로 전쟁에서 이길 수는 없기 때문이다.

만해 한용운의 시구절 하나가 떠오른다.

"연꽃 같은 발꿈치로 가이없는 바다를 밟고 옥 같은 손으로 끝없는 하늘을 만지면서 떨어지는 날을 곱게 단장하는 저녁놀은 누구의 시(詩)입니까."

녹록지 않은 현실에서 연꽃을 밟고 하늘의 무언가를 잡으려는 발돋움, 그것을 좇으려는 의지는 아름다움을 노래하는 시인의 몫이다. 그 시인과 그 몫을 좀 더 나눈다면 돈키호테 정도가 아닐까?

풍차를 거인으로 착각하는 돈키호테에게 "정신 나간 사람이 아니

고서야 어떻게 풍차를 거인으로 착각한단 말입니까?"라고 말하는 산
초를 향해, "마법사가 거인을 풍차로 둔갑시켰다"라고 우기며 모자를
풍차에 집어던지며 돌격하는 소설 속 장면이 시와 함께 오버랩된다.

정의와 선의를 구걸하는
약한 군대의 나라

"국가의 생존은 군대가 좌우한다."

너무나 당연한 사실이기에 자주 망각하는 사실이다.

국가의 사전적 의미는 '일정한 영토와 거기에 사는 사람들로 구성되고, 주권主權에 의해 하나의 통치 조직이 있는 사회 집단'으로, 국민·영토·주권의 3요소가 있어야 한다.

이 3요소를 이루고 유지하는 힘이 군대이다. 왕성한 경제력, 화려한 문화는 있으나 약한 군대를 가진 국가가 사라지는 사례는 역사 속에서 자주 등장한다. 군대가 없어진다는 것은 국가의 3요소도 없어진다는 의미와 동일하다.

그리고 그 결과는 참혹하다. 주권은 없어지고 국민 개개인의 생명과 재산, 인권 등 모든 권리는 보호받지 못하고 노예로 전락하게 된다. 그것이 현실이다. 국가가 없어지고 난 이후에 "신은 없는가? 정의는 무엇인가? 인간은 악하다. 어떻게 이럴 수 있는가?" 매달리고 읍소하고 구걸해도 소용없다.

시대나 장소가 바뀌었을 뿐 국가의 성쇠는 계속되고 거기에는 자연계의 법칙이 어김없이 적용된다.

약육강식만이 존재할 뿐이다.

투키디데스가 쓴 《펠로폰네소스 전쟁사》는 한 번쯤 들어보았을 것이다. 펠로폰네소스 전쟁은 고대 그리스에서 기원전 431년부터 404년까지 아테네 주도의 델로스 동맹과 스파르타 주도의 펠로폰네소스 동맹 사이에서 일어난 전쟁이다. 멜로스는 그리스 동쪽 에게해의 섬나라이다. 멜로스인은 스파르타와 한 핏줄이라고 할 수 있었지만, 중립을 지키고 있었다.

아테네는 멜로스를 향해 중립을 그만두고 델로스 동맹에 참여하든지, 속국이 되어 평화를 얻으라고 한다. 이에 멜로스인은 정의와 도덕을 거론하면서 거부한다. 이 협상 과정을 '멜로스의 대화'라 부른다. 이를 요약하면 다음과 같다.

아테네 : 우리는 이미 페르시아에 이겼다. 국제 질서의 준수나 평화라는 단어는 사용하지 않을 것이다. 스파르타를 돕지 않았다거나 우리를 적대시하지 않았다 해도 달라질 것은 없다. 정의란 하기 싫은 일을 강요하는 힘의 질서이다. 강자는 자신이 하고 싶은 것을 하고 약자는 받아들이면 된다.

멜로스 : 민주 국가라는 당신들이 정의를 무시하고 이익만을 주장하고 있다. 보편적인 선善을 지키는 것이 당신들의 이익이 될 것으로 생각한다. 만약 귀국이 패했을 때, 당신들이 자행한 일이 그대로 당신들에게 돌아오게 되지 않겠는가?

아테네 : 우리는 당신 자신과 우리 모두에게 유익한 방식으로 생명을 보존하기를 바란다.

멜로스 : 노예가 되는 것과 주인이 되는 것이 어떻게 똑같이 좋은 일이 되겠는가?

아테네 : 항복함으로써 구제받을 수 있고, 우리는 당신들을 죽이지 않음으로써 당신들로부터 이익을 취할 수 있다.

멜로스 : 어느 쪽에도 가담하지 않고 중립국으로 남을 수 없겠는가?

아테네 : 불가하다. 당신들을 그대로 둔다면 우리가 무력하다는 의미로 우리 속국들이 오해할 수 있다.

멜로스 : 우리의 제안이 도움이 되는 점이 있다. 중립국들이 우리를 보게 되면, 당연히 그들도 공격당할 것이라는 결론을 내리게 되어 모두 적이 될 것이다.

아테네 : 그런 발상은 위기에서 아무런 소용이 없다.

멜로스 : 우리는 옳은 편에 서 있으므로 신이 행운을 줄 것이라고 믿는다. 우리는 힘이 부족하나 스파르타와 동맹을 체결한 상황이고 그들은 명예를 중시하므로 반드시 도울 것이다.

아테네 : 힘을 가진 자가 가능한 것을 지배하는 것은 자연의 법칙이다. 이것은 우리 자신이 만든 것도 아니고, 우리가 처음으로 그에 따라 행동한 것

도 아니다. 이것은 진리이며, 이 진리는 사람들 사이에서 영원히 존재할 것이다. 우리는 변하지 않는 그 진리에 따라 행동할 뿐이다. 따라서 당신이 말하는 행운에 있어 우리가 불리하다고 걱정할 이유는 전혀 없다. 스파르타가 구하러 올 것이라고? 놀라울 만큼 순진한 믿음이다. 그들도 이익만을 추구한다.

멜로스 : 그들은 바로 그 이익 때문에 배반하지 못할 것이다.

아테네 : 이익을 추구하는 자라면 마땅히 자신의 안전을 우선할 것이다. 정의와 명예는 사람을 위험에 빠뜨린다. 잘못된 감각으로 길을 잃지 않기를 바란다. 현명한 자라면 신중해야 할 것이다. 전쟁과 안전을 선택할 기회가 있을 때 잘못된 길을 택할 만큼 무감각하게 오만하지는 않으리라고 믿는다. 그리스에서 가장 강한 도시에 조공을 바치라는 동맹을 요구하고 당신들의 부를 지킬 수 있는 자유를 허용한다면, 그것에 승복하는 것이 불명예가 아님을 알고 있을 것이다. 동등한 자에게 대항하고, 우월한 자에게 존경심을 갖고 행동하고, 약한 자에게 관대하게 대하는 것이 안전의 법칙이다.

멜로스 : 우리의 결정은 처음과 똑같다. 우리 도시가 탄생한 이후 700년 동안 누려온 자유를 포기할 마음이 없다.

아테네 : 당신들은 자신들의 희망 사항에만 맞게 현실을 보고 있다.

결국 아테네와 멜로스는 전쟁을 치르고, 그 결과 패전한 멜로스의 모든 남자는 학살된다. 여자와 아이들은 노예가 되고 아테네의 식민지가 되었다. 자신을 지킬 힘이 없는 정의와 근거 없는 희망과 상대에게 선의를 구걸한 대가는 참혹했다. '멜로스의 대화'를 보면 프로이센을 통일한 비스마르크의 말이 떠오른다.

"어리석은 자는 자기 경험에서 배운다. 그보다는 남의 경험을 이용하겠다."

종이 한 장이
우리를 지켜주지 않는다

1938년 9월 30일, 관저 앞에서 히틀러가 서명한 종이를 흔들며 "이것이 우리 시대의 평화!"라고 큰소리치는 영국의 41대 총리 네빌 체임벌린이 있었다.

"나는 우리 시대가 평화로울 것이라 믿습니다!"
(I believe it is peace for our time!)

몰려든 군중은 이에 환호했다. 군중 앞에서 그는 히틀러와 함께 서명한 선언서를 의기양양하게 흔들었다. 그러나 그 종이 한 장이 평화를 가져오고 그들을 지켜줄 것이라는 집단 최면에서 깨어나기까지는 오랜 시간이 필요하지 않았다.

"체코 일부 지역만 넘겨주면 더 이상 영토를 탐하지 않겠다"라는 히틀러를 "한번 약속하면 믿을 수 있는 사나이라는 인상을 받았다"라고 평가하기도 했던 체임벌린! 국가의 안보 정책을 한 사람의 꾸며진 이미지에 근거해 판단한 결과는 비참했다. 11개월 후 독일이 폴란드를 침공하면서 2차 세계대전이 터졌다.

이처럼 평화를 구걸하며 전쟁을 불러온 체임벌린의 손에 쥐어진 종이를 역사는 어떻게 평가할까? 거의 70년이 지난 2006년 《BBC 히스토리 매거진》은 그를 20세기 영국 최악의 총리로 선정한다.

2차 세계대전은 독일의 폴란드 침공과 함께 시작되었다. 유럽의 여러 나라가 그러했듯이 힘없는 국가에게 평화협정이나 불가침조약이 얼마나 허무한 것인지 보여주는 사례이다. 1933년 히틀러는 정권을 잡고 우호정책을 추진해 1934년 독일-폴란드 불가침조약을 체결하며 폴란드와 주변국들을 안심시킨다. 동시에 군사력을 증강하면서 위장평화 공세를 이어나간다. 이런 와중에 독일이 오스트리아를 합병하고 체코로부터 수데텐란트까지 점령하자 프랑스와 영국은 폴란드-영국 방위협정, 프랑스-폴란드 동맹을 맺으며 영국-폴란드-프랑스 동맹으로 폴란드를 지원하겠다고 보장한다. 하지만 거기까지였다.

독일과 소련은 1939년 8월, 독일-소련 불가침조약을 비밀리에 체결하고 폴란드를 동서로 분할 점령하게 된다. 이때 영국과 프랑스는 독일에 선전포고만 하고 실제 군사적 행위는 거의 하지 않는 일명 가짜 전쟁만을 한다. 폴란드에게 독일과 맺은 불가침조약, 영국-프랑스와 맺은 군사동맹은 결과적으로 아무런 의미가 없었던 것이다. 자신을 스스로 방어할 힘이 없는 폴란드는 전쟁 중에는 독일과 소련의 지배를 받게 되고, 독일이 패전한 후로는 소련의 위성국가로 전락하는 비참한 운명을 맞게 된다.

최근 폴란드 국회가 독일에 전쟁 피해를 배상하라고 요구했다. 2017년 국회에 만들어진 피해배상평가위원회가 2차 세계대전 당시 독일의 6년간 점령으로 입은 피해배상금을 8,500억 유로(약 1,150조 원)로 추산했다는 것이다. 당시 독일의 침공으로 약 600만 명의 폴란드인이 숨진 것으로 추정되고, 여기에는 대량학살(홀로코스트)도 있었다. 이에 대해 독일은 1953년 양국이 맺은 협정에 따라 전쟁배상금 문제가 해결됐다고 주장하는 반면, 폴란드는 이것이 소련의 위성국가 시절 소련 정부에 의해 내려진 결정이라는 입장이다.

어디선가 많이 들어본 익숙한 이야기 같다. 힘없는 군대를 가지고 자국의 안보를 적이 던져준 종이 한 장에 의지하거나 동맹의 지원만을 바라다가 맞게 된 어리석음의 결과라고 한다면 과장된 표현일까? 아니면 정의롭지 않게 기습적으로 공격한 적국과 어려울 때 돕겠다는 약속을 지키지 않은 동맹국을 신의 없는 나쁜 나라, 불량 국가라고 비난해야 할까? 그런다고 달라지는 것이 있을까?

적이란 나를 위협할 '의도와 능력'을 가지고 있는 존재이다. 적이 어떤 의도가 있든지 월등한 힘이 있다면 평화를 구걸하거나 누군가의 선의에 생명을 의지하지 않아도 될 것이다.

순진한 희망은 위험하다

　힘없는 나라가 강대국 사이에서 살아남으려는 노력을 보면 연민이 느껴진다. 다르게 표현하면, 약육강식의 살벌한 밀림 속에서 생존을 위해 발버둥 치는 연약한 동물의 눈물겨운 사투로 보이기도 한다. 정글 속 동물이야 안전한 곳을 찾아 도망이라도 치겠지만 국가는 그럴 수도 없다.

　그저 강대국 사이에 끼여 생명을 보존하려고 이리저리 헤매는 꼴이다. 그러다가 그중 가장 힘센 동물의 먹이가 될 뿐이다.

　이것은 멀리 있는 다른 나라의 이야기가 아니다. 19세기 말부터 20세기 초에 바로 우리의 모습이었다. 서구열강과 선진과학과 기술을 먼저 받아들여 근대국가로 발돋움한 일본 사이에 끼인 조선의 마지막 모습이었다.

뒤늦게 현실을 깨닫고 벗어나려 했지만, 강대국들은 허락하지 않았다. 심지어 영세중립국을 표방하며 주권을 지켜보려 했지만 이마저도 힘없는 조선에는 환상에 불과했다.

외국 외교관들과 국내 일부는 조선의 영세중립 정책의 필요성을 건의했다. 이에 고종은 1891년 6월부터 조선의 지정학이 스위스와 유사하다고 판단, 영세중립 정책을 적극적으로 추진했다. 러시아, 미국, 영국 등에서는 일부 관심도 가졌으나 인접국인 청나라와 일본은 반대했다.

고종은 서구열강과 일본 등에 협력을 구하면서 1904년 1월 20일 일방적으로 대한제국이 영세중립국이라고 선포한다. 그러나 청일전쟁, 러일전쟁에서 연이어 승리한 일본에 강제 병합되는 치욕을 겪게 된다.

여기에 또 한번 힘없는 국가의 하소연이 들린다. 국가 간 조약에 반드시 날인되어야 할 대한제국 국새國璽와 순종 황제의 친필서명이 없고 국내 행정용 결재에 사용되는 어새御璽가 날인되어 무효라는 것이다. 형식이 어찌 되었건 힘없는 조선은 이로써 생명을 다하게 되었다.

중립국中立國, Neutral Nation·Country이란 중립주의를 외교의 방침으로 하는 나라로서, 국가 간의 분쟁이나 전쟁에 관여하지 않고 중간 입장을 지키는 것을 말한다. 가장 대표적인 나라가 스위스이다. 유럽

대륙의 중앙에 독일, 프랑스, 이탈리아, 오스트리아 등 강대국 사이에 있는 인구 약 850만 명, 면적은 우리의 20% 정도 되는 작은 나라이다.

온 유럽이 전쟁터가 되었던 1, 2차 세계대전 때도 평화롭게 포화를 피한 곳이다. 누구나가 부러워할 만하다. 그래서일까? 한반도 주변의 안보 정세가 급변하거나 국가적 선택을 강요받는 상황이 재현되면 영세중립국이란 단어가 여기저기서 튀어나온다.

어느 분야를 연구한 전문가인지 모르겠지만 곡학아세와 말장난으로 나라를 혼란스럽게 하는 모습들이 가관이다. 이런 의견들을 확대 재생산하는 각종 매체를 보면 코미디 프로그램을 보는 것 같은 착각이 들기도 한다.

사드 배치, 북한의 핵실험 등 안보 이슈가 돌출하면 우리도 스위스나 오스트리아와 같이 '영세중립국화'해야 한다며, 남북한 모두가 영세중립국을 선포하고 국제사회는 이를 받아들이면 된다는 식으로 말한다. 당연히 남북한이 군축하고, 강대국들은 국제협약에 따라 이를 인정하고, 한반도 평화를 약속해야 한다는 식이다. 그렇게 되면 핵이나 전쟁, 경제제재를 걱정할 필요 없이 평화가 보장된다는 논리이다.

이러한 뜬구름 같은 논리와 착각의 산물은 어렵지 않게 역사적 사례들을 찾을 수 있다. 히틀러의 서명이 든 종이 한 장으로 평화가 왔다는 환상에 젖거나, 힘없는 대한제국의 중립국 선포, 2차 세계대전 때 군사력 없는 덴마크·네덜란드·노르웨이·벨기에의 중립국 선언이

낳은 결과를 모르는지, 알면서 그러는지 의문이다.

대문을 활짝 열어놓고 강도의 양심과 선의에 정의를 호소하는 모습은 아닐까? 현실성 없는 희망, 근거 없는 정신승리가 불러온 참담함을 또 얼마나 겪어야 깨달을지. 수천만 국민의 생명과 재산을 담보로 한 도박, 검증되지 않은 이론이나 주장을 분별없이 받아들인다면 그 결과를 누가 책임질 수 있을까?

강대국 사이에서 영세중립국 스위스가 어떻게 평화를 지켜왔는지, 호수에서 노니는 여유롭고 고상한 자태의 백조만 보지 말고 물밑에서 쉴 새 없이 발버둥 치는 발길질도 볼 수 있는 혜안이 있어야 할 것이다.

1885년 저물어가는 대한제국에서 유길준이 '조선 중립론'을 주장한 이후 한반도에서 벌어진 참상의 원인은 무엇이었는가?

전쟁을 막은 것은
중립 선언이 아니었다

2차 세계대전의 먹구름이 유럽을 덮기 시작하면서 중립국을 선언한 몇 개 국가가 있었다. 그중 네덜란드, 덴마크, 벨기에, 노르웨이 등은 전쟁의 참화를 피할 수 없었으나 스위스만은 유일하게 안전할 수 있었다.

스위스의 알프스는 영웅심이 넘쳐나던 히틀러를 유혹하기에 충분했다. 알프스산맥을 넘어 반대편의 상대에게 기습을 달성한 영웅은 역사상 단 두 명 있었다. 로마제국을 떨게 한 카르타고의 한니발, 유럽대륙을 평정한 나폴레옹이다. 히틀러는 그들과 같은 반열에 오르기를 바랐을 것이다. 정치적으로도 자신을 군사적 천재로 대내외에 선전할 수 있는 최상의 소재가 될 수 있었기 때문이다.

독일군은 스위스 점령을 위해 1940년 6월 멩겔스 계획과 10월 타넨바움 계획, 1943년 12월 뵈메 계획 등 여러 차례 침공 계획을 수립

한다. 그러나 실행에 옮기지는 못했다. 그것은 스위스가 영세중립국이어서가 아니다.

스위스의 전쟁 준비는 철저했다. 알프스의 산악지역을 요새화하고 국민을 안전한 곳으로 이주시켰다. 독일 국경 지역의 개활지와 도로가 발달한 수도 베른과 취리히 등 대도시를 포기하고 산악지역을 거점화했다. 여기에 장비와 탄약, 식량 등을 저장하며 대비했다. 교량에는 거부 폭약을 설치하고 마을 단위로 지역방위를 위해 바리케이드와 철조망 등 장애물도 준비했다.

추가하여 장기전에 대비한 생필품을 비축하는 등 모든 전쟁 준비를 독일의 폴란드 침공 이전에 완비했다. 결국, 독일은 월등한 전력에도 불구하고 스위스의 고슴도치 방어 전략에 빠지면 받게 될 막대한 전투력 손실을 우려해 패망하기까지 스위스를 공격하지 못했던 것이다.

이는 스위스의 전 국민이 현역, 예비군, 민병대, 지역방위대 등으로 편성되어 임무를 분담하고 자발적인 전쟁비용 모금 등 끝까지 결사 항전하겠다는 의지를 국내외에 표방함으로써 독일의 침공 의지를 꺾었을 것이란 게 전후 학자들의 주된 의견이다.

강대국 사이에 둘러싸여 있으면서도 자신을 스스로 지키는 영세중립국 스위스의 전통은 하루 이틀 동안에 만들어진 것이 아니다. 1515년 마리냐노 전투에서 프랑스에 대패한 후 중립을 위한 노력을 지속했고, 1814년 9월 1일부터 1815년 6월 9일까지 열린 빈 회의에서 공식적으로 중립국 지위를 인정받았다.

본래 회의의 목적은 나폴레옹 전쟁의 혼란 수습, 유럽의 전쟁 전체제 복귀, 프랑스의 전쟁 재발 방지 등이었다. 여기서 형성된 빈 체제는 19세기 중엽까지 유지되었으며, 스위스는 드디어 영세중립국 지위를 국제적으로 보장받게 된다.

약 300년의 노력이 결실을 보게 된 것이다. 이는 주변 강대국의 충돌과 이해관계 속에서 약소국이 중립적 지위를 인정받는 것이 얼마나 어려운 일인지를 보여주는 대표적인 사례이다.

이후 1, 2차 세계대전을 무사히 넘기고 주변에서 직접적인 위협을 가하는 적성국가가 사라지며 영세중립국으로서 국제적인 인식이 정착되었지만, 자주국방에 대한 의지는 조금도 변하지 않고 있다.

간단히 그 노력을 요약해보면, 전 국민의 예비군화와 전 국토의 지하요새화이다. 주거지와 병원 등에 약 30만 개의 방공호와 5,100여 개의 공용 방공호를 유지하고 있으며, 특히 핵 대피시설 유지에 매년 1억 5,000만 달러를 쓰고 있다고 한다. 지금도 예비역들은 자동소총을 집에 가지고 있으며, 탄약도 2007년에 개인으로부터 회수해서 통합 보관하고 있을 정도이다.

소련이 붕괴하고 탈냉전이 시작하면서 유럽의 대부분 국가가 모병제로 전환했거나 시도 중인 안보 분위기에서도 스위스는 1989년,

2001년에 이어 2013년까지 세 번의 징병제 폐지 법안을 국민투표로 부결했다. 나폴레옹 전쟁 이후 거의 200년 동안 단 한 차례의 전쟁도 해보지 않은 영세중립국이 가지고 있는 안보에 관한 관심과 통찰, 전쟁을 대비하는 자세가 평화를 누릴 수 있는 최소한의 자격이 아닐까?

전쟁이라는 마귀는 피하고자 하면 쫓아오고 결연히 맞서면 자기가 피해 간다!

어떤 군대가 강한 군대일까?

싸움, 전투, 전쟁에서 이기는 군대가 강한 군대이다.

간단한 상식이다.

하지만 더 강한 군대가 있다. 싸우지 않고도 이기는 군대이다.

이런 이상적인 군대가 존재할까?

존재하면서도 존재하지 않는다.

클라우제비츠는 "전쟁은 다른 수단에 의한 정치의 연속이다"라고 했다. 다른 수단인 전쟁 없이 상대에게 자신의 의지를 관철하는 것은 전쟁이라 하지 않는다. 이런 것을 평화라고 불러도 될지는 의문이다.

어쨌든 지금 이 순간도 개인이나 집단, 국가들 사이에서는 크고 작은 다툼, 상대에게 자신의 의지를 관철하기 위한 상호작용이 지속되고 있다. 이것이 현실이다.

《펠로폰네소스 전쟁사》의 '멜로스의 대화'처럼 이러한 갈등을 해결하는 마지막 수단은 힘이다. 특히 강한 군대는 국가의 3요소인 국민, 영토, 주권을 보호하는 절대적인 것이다.

싸우지 않고 이기는 군대

이기는 군대보다 더 강한 군대가 있을까? 있다! 싸우지 않아도 이기는 군대이다. 그저 존재하는 것만으로도 충분한 군대이다.

현재 지구상에서 가장 강한 군대의 대통령이 연설에서 더 강한 군대를 만들겠다고 했다.

"미군은 그 어느 때보다 강력하다. 미사일은 크고 강력하며 정확하고 치명적이며 빠르다. 이처럼 강력한 군과 무기를 가졌다는 것이 꼭 사용해야 한다는 것은 아니다. 이를 사용하고 싶지 않다."
-2017. 8. 9. 트럼프 미국 전 대통령 트위터에서

추가해서 그는 더 강한 군대를 만들겠다고 했다. 그렇다. 강한 군대는 그 존재만으로도 충분한 억지력이 있는 것이다.

그러나 현실 세계에서는 이런 군대라도 싸우지 않을 수는 없다. 때로는 인간에게 과학적인 상식, 합리적인 이성이 작용하지 않을 수도

있기 때문이다. 죽음을 두려워하지 않는 종교적 믿음, 자신의 목숨보다 지키고 싶은 신념, 타인을 위해 헌신하는 숭고한 희생이라고 믿는 사람이나 단체를 논리나 과학 등의 잣대로 설명할 수는 없다.

그러한 예는 역사와 현실 속에서 어렵지 않게 찾을 수 있다. AD 64년 로마 대화재 때, 로마에 불을 질러 파괴했다는 누명을 쓰고 네로 황제에 의해 원형경기장에서 굶주린 사자에게 물어뜯기거나 십자가에 묶인 채로 화형을 당하면서도 찬송을 부르던 이들이 있었다. 우리나라에서도 비슷한 일이 있었다. 1866년(고종 3년) 조선 말기, 흥선대원군에 의해 벌어진 병인박해라 불리는 천주교 탄압에서 찾아볼 수 있다.

다른 교인들을 말하라며 물 묻힌 창호지를 얼굴에 발라 종이가 말라감에 따라 비명도 못 지르며 서서히 숨을 못 쉬게 하여 죽게 만드는 도모지塗貌紙라는 형벌을 받으면서도 믿음을 저버리지 않고 교우 이름을 말하지 않았다는 이야기가 전해진다.

이처럼 죽음 앞에서도 굴하지 않는 사례는 지금도 발견되고 각종 매체를 통해 쉽게 접할 수 있다. 대표적인 것이 테러리스트들의 자살 폭탄 테러이다. 온몸에 폭약을 감고 상대 군인에게 다가선다. 정지하지 않으면 쏘겠다고 위협하고 경고해도 접근을 멈추지 않는다. 문화권이 다른 세계의 상식적인 관점에서는 이해하기 어렵다. 그들은 이것을 '지하드'라 부른다.

지하드의 좁은 의미는 이교도의 이슬람 국가 침략에 대한 저항이지만, 넓은 의미로는 '신앙을 방해하는 욕망의 절제'라는 뜻이다. 하지만 현실에서는 자살폭탄테러로 인식된다. 실제로 극단적인 경우 지하드를 수행하다 죽는 것을 천국으로 가는 지름길이라고 굳게 믿는다. 이런 지하디스트에게는 감히 싸우지 못할 군대도 군인도 없다. 아무리 강한 군대라 할지라도 싸울 수밖에 없는 것이다.

이런 적을 상대할 때는 싸워야 한다. 손자병법의 핵심인 싸우지 않고 이긴다는 '부전승不戰勝'이나 이겨놓고 싸운다는 '선승이후구전先勝而後求戰'은 공염불이 된다.

목숨을 건다는 것

존재만으로도 이기는 군대, 싸울 필요 없는 군대, 싸우면 이기는 군대의 군인은 어떤 군인일까? 현재까지 증명된 바로는 직업군인으로 구성된 군대가 가장 강한 군대이다.

직업군인職業軍人이란 군에 복무하는 것을 직업으로 하는 군인, 즉 현역에 복무 중인 군인 중 의무복무기간을 초과하여 복무하는 군인이 이에 속한다. 사관학교, 특성화고등학교 등 군 관계 학교를 졸업하거나 군 간부가 되기 위해 군 관련 학과에 다닌다고 되는 것이 아니다. 국방의 의무, 강제성 있는 계약으로 복무해야 하는 사람은 의무복무자이다. 그렇기 때문에 직업군인이 된다는 것은 자발성이 전제되어야 한다. 군인, 군대라는 특수성을 받아들여야 한다.

그 특성 중 직장인, 소방공무원, 교사, 경찰 등 다른 직업과 크게 나뉘는 가장 핵심이 되는 것은 '임무수행 과정에서 개인의 가장 소중한 가치인 목숨까지 버려가며 책임의 완수를 해야 한다'라는 것이다.

즉 군 본연의 임무수행 과정에서 무엇과도 바꿀 수 없는 자신의 가장 소중한 목숨까지도 기꺼이 희생해야 한다는 것이다. 이러한 측면에서 다른 직업과는 명확히 구별되는 특징을 갖는다. 직업이란 생계를 위한 것이지만, 국가의 안위와 관련된 직업은 달라야 한다.

직업職業의 사전적 의미가 '생계를 유지하기 위하여 자신의 적성과 능력에 따라 일정한 기간 계속하여 종사하는 일'이라고 한다. 직업의 그 목적 자체가 생계를 위한 것이다. 하지만 군인 직업은 다르다. 국가와 관련된 다른 일을 해도 비판이 따르는 것이 현실인데 이보다 더한 군인이 생계형 직업인이 된다면 어떻게 될까?

국가와 관련된 일을 하는 지도층 인사가 자신의 과거 행적이 비판을 받자 "솔직히 다 사실"이라며 "생계이긴 하지만 부끄럽게 생각한다"라고 했다. 먹고 살자고 한 일이니 좀 이해해달라는 것이다. 군인을 제외한 다른 직업은 생계를 위한 것이니 그럴 수 있다는 묵시적 동의가 깔려 있음을 알 수 있는 사례이다. 그러나 군인의 특수성에 대입시켜보면 달라진다. 생계형 군인으로 구성된 군대는 어떤 모습일까? 그 결과가 궁금해진다……

강한 군대는 총칼로만 만들어지지 않는다

월등한 군사력에도 불구하고 영혼 없는 생계형 직업군인들로 구성된 군대가 가져온 비극은 어렵지 않게 찾아볼 수 있다. 우리나라 군대가 마지막으로 전투 경험을 한 베트남 전쟁이 그 대표적 사례이다.

1964년 8월 2일, 북베트남 해군 소속 어뢰정 3척이 미 해군 구축함을 선제공격했다고 조작한 통킹만 사건으로 전쟁은 시작되었다. 남베트남의 군사력은 그 규모와 미국이 지원해준 무기 면에서 보았을 때 북베트남보다 압도적인 우위였다. 패망 당시 남베트남의 군사력은 세계 4위였으며, 공군은 항공기가 1천 대가 넘어 100대에 불과한 북베트남과는 비교조차 되지 않았다.

해군력도 마찬가지여서 약 1,400여 척의 함정으로, 북베트남의 작은 목선과는 비교할 수도 없었다. 일부 군사 전문가들은 미군이 주둔하고 있던 월남과 월맹의 군사력을 비교 분석해보면 약 100배 이상 차이가 났다고도 한다.

이처럼 군사적으로 막강했던 월남이 어떻게 공산 월맹에 졌을까? 여러 이유가 있겠지만, 그중에서 가장 중요한 이유로 꼽히는 것이 사회 혼란과 내부의 적이다.

사회 곳곳은 갈등이 만연해 있었고 혼란한 상황에서 수많은 간첩이 존재했다. 심지어는 대통령 후보와 비서실장, 장관, 도지사 등 많은 지도층 인사가 월남 패망 후 간첩으로 밝혀졌다. 한 예로 변호사 출신의 쯔엉딘주는 1967년 대통령 선거에서 2위까지 했었다.

"나는 반공주의자가 아니라 민족주의자, 평화주의자, 자유민주주의 신봉자다"라고 했고, 유세 때마다 "동족상잔의 전쟁에서 시체가 쌓여 산을 이루고 있다. 우리 조상들이 외세를 끌어들여 동족들끼리 피를 흘리는 모습을 하늘에서 내려다보면 얼마나 슬퍼하겠는가? 대화를 통해 얼마든지 평화협상이 가능한데 왜 북폭을 하여 무고한 인명을 살상하는가? 대통령에 당선되면 북폭을 중지시키고, 평화적으로 남북문제를 해결하겠다"라면서 반미 반전 여론을 자극하기도 했다.

이후 1975년 월남이 패망한 후 미국과 내통했다는 혐의로 사상교화소에 수용되는 아이러니한 상황도 발생한다.

내부의 적은 여기에 그치지 않았다. 월남군 총사령부의 회의나 작전계획은 거의 실시간으로 월맹군에게 넘어갔다. 월남전 파병 사령관 채명신 장군은 월남군과의 회의 후 미군으로부터 "이 회의 내용은 내일 월맹군에게 전해질 거요"라는 말을 듣기까지 했다고 한다. 당시 주월 공사는 이렇게 말했다.

"월남은 월맹에 힘으로 망한 게 아니라 속임수에 망하고, 간첩과 데모, 부정부패에 망했다."

이렇게 전쟁에 진 결과는 대량학살과 숙청, 보트피플이라는 참혹한 상황으로 이어졌다.

이러한 사회 분위기는 군대에도 만연해 있었다.

월남 파병 초기 실무 군사회의 후 한 월남군 장교가 우리 측 장교에게 "미군으로부터 한몫 챙기자"라는 제안을 해서 놀랐다는 이야기도 있다. 또 몇몇 장군들은 개인 비행기까지 소유했다. 심지어 미군으로부터 공여된 무기가 다음 날이면 베트콩들이 가지고 공격해 올 정도였다고 한다.

군대는 사회를 비추는 거울이다

송나라宋朝, 960년~1279년는 중국뿐만이 아니라 세계 역사상 최고의 번성기를 누렸던 왕조이다. 송나라는 융성한 문화와 발전된 과학기술, 넘치는 생산력 등으로 역사상 최고의 황금기를 누렸으나 상무정신의 결여로 배부른 돼지에 비유되며 굶주린 이민족에게 평화를 돈으로 사다가 망한 나라이기도 하다.

최초로 지폐와 나침반을 사용했고 해군을 운영하였으며 화약 기술을 발전시키는 등 과학기술이 발달하였다. 인구, 경제력, 군사력 등에서 당시 세계 제일이었다. 특히 제철 기술은 유럽을 훨씬 능가했으며 연간 3만 5천~4만 톤까지 생산하며 산업혁명 전 유럽 전체 생산량을 넘어섰다.

정규군은 100만이 넘었고 멸망 당시에도 60만 명이라는 대군을 가졌으나, 경제적·군사적으로 10분의 1도 안 되는 거란, 금나라 등에 시

달리다 결국 몽골에 완전히 멸망했다.

그 결정적 이유는 이민족의 침략이나 협박에 돈을 주고 평화를 구걸했기 때문이다. 이렇게 받은 돈으로 이민족들은 힘을 키워 군사적으로 강대해졌으며 급기야는 송나라 전체를 정복하기에 이른다.

송나라의 군사제도는 모병제로, 한때는 140만 명을 유지했다. 이를 위해 소요되는 막대한 국가 예산을 감당하고도 여유가 있을 정도의 경제력이 있었다. 하지만 국민의 상무정신 결여는 비참한 말로를 부르게 된다.

당시 속담에 '좋은 철은 못에 없고, 좋은 인간은 군대에는 없다'라는 말이 나돌 정도였다고 한다. 엄청난 경제력을 가졌다는 것은 일반 국민이 먹고 살기에 충분하고도 남을 수준이었다는 것이다. 이런 경제환경에서 군이 힘들고 자유를 제한받으며 목숨까지 위험한 직업을 선택할 젊은이가 몇이나 될까?

결국에는 모병에 어려움이 생겨 전과자, 품행이 좋지 않은 저소득층이나 사회적으로 하층민들로 충원되기 시작했다. 군대의 규율과 군기는 문란해지고 사기가 저하되자 각종 군 내 범죄가 증가했다.

이에 대한 처벌을 피하기 위한 탈영을 막을 목적으로 문신까지 하게 했다. 이제 군 복무를 했다는 사실이 사회적 신분이나 경제력 등을 나타내는 낙인으로 작용하기에 이른다.

이 같은 악순환의 반복은 군에 대한 사회 지도층의 무관심으로 이어지고 군대 없이 돈으로 평화를 사려는 정치지도자, 안일한 국민의 의식 속에서 국력이 비교조차 안 되는 배고픈 약소국에 멸망하게 된다.

배부른 돼지와 굶주린 늑대가 싸우면 누가 이길까?

강한 군인은 어떻게 만들어질까?

이기는 군대의 강한 군인은 무엇으로, 어떻게 만들 수 있을까? 그런 군대의 군인들은 어떠할까? 궁금해진다.

한마디로 정의하기 힘들다. 영어 표현도 'Soldier', 'Combatant', 'Warrior' 등으로 여러 가지다. 'Soldier'는 군인, 병사를 단순하게 뜻한다. 이 중에서 전투 임무를 주로 수행하는 'Combatant', 'Warrior'는 군인, 전투원 중에서도 용감하고 전투기술이 뛰어난 이들을 일반적으로 통칭한다. 무기체계 등 다른 조건이 대등하거나 같다면 전사로 구성된 군대가 이길 것이다.

높은 전의만으로는 월등한 무기체계를 이길 수 없다

영화 한 편이 생각난다. 현대의 군인들이 조선시대로 돌아가서 현대식 총과 무기를 가지고 당시 군인들과 싸운다는 내용이다. 이런 상황에서는 전투가 되지 않을 것이다. 그저 일방적인 학살 수준의 결과만 있을 것이다. 이런 추측은 실제 역사에서도 가끔 발견된다.

1898년 9월 2일, 수단의 옴두르만에서 영국군 8,000명과 1만 7,000명의 이집트 혼성군은 수단의 이슬람 다르비시 전사 5만 2,000명과 전투를 벌였다. 수단군은 신앙에 바탕을 둔 높은 전의, 창, 칼, 소수의 전장식 소총으로 무장했다. 하지만 높은 전의만으로 월등한 무기체계로 무장한 상대를 감당하기는 무리였다. 1분당 600발을 발사하는 근대식 맥심 기관총 앞에 전의는 낙엽처럼 쓰러질 뿐이었다.

영국군 47명 사망에 비해 수단군 1만여 명 사망, 5,000여 명 포로라는 일방적인 학살로 전투는 끝났고, 수단은 1956년 독립할 때까지 식민지가 되었다. 이 전투에 참전했던 처칠은 훗날 이렇게 회고했다.

"옴두르만의 전투는 야만인을 상대로 한 현대문명의 승리였다. 야만인 쓰레기들을 위대한 유럽 군대의 힘으로 쓸어버렸다. 위험하지도, 힘들지도 않았고 피해는 미미했다."

1894년 우금치 전투를 떠올리게 한다. 타오르는 불꽃 같은 전의만으로는 강한 군대를 이길 수 없음이 증명된 역사적 교훈이다.

군인은 신념으로 무장한다

현충원에 가면 무명용사 묘역이 있다. 그들 중 대부분은 나라를 지키겠다는 신념하에 제대로 된 군사훈련조차 받지 못하고 군번도 없이 참전해서 전사한 이들이다.

6·25전쟁 당시 학생 신분으로 전투에 참여한 학도의용군은 2만 7,700여 명에 이른다. 그들은 러시아와 중국 등에서 정규 군사훈련을 받은 인민군과 치열한 전투를 했다. 특히 낙동강 방어선의 다부동, 기계-안강 전투와 인천 상륙작전에서는 계급도 군번도 없이 백의종군하여 혁혁한 전공을 세우기도 했다.

이것은 조국의 공산화를 막고 나라를 지키겠다는 신념으로 굳게 무장함으로써 갖추지 못한 무장과 부족한 전투기술을 극복한 사례이다. 무기체계가 상대적으로 열악하고 전투기술, 전투경험이 다소 부족하더라도 강인한 신념으로 이겨낼 수도 있다는 것을 보여준다.

조금 더 역사를 거슬러 올라가면 이웃 나라 일본에서 잘못된 신념의 예를 찾아볼 수도 있다. 태평양 전쟁 당시 기울어가는 전세에도 불구하고 목숨을 희생하며 임무를 달성하려던 가미카제 특공대이다. 정식 명칭은 '신풍특별공격대神風特別攻擊隊'로, 신의 바람 '신풍神風'은 13세기 고려와 몽골 연합군의 일본 원정 실패에서 유래된 말이다.

원나라는 삼별초를 제압한 후 1274년 10월 원나라군 2만 5,000명과 고려군 8,000명, 전함 900척으로 일본 정벌에 나선다. 하지만 10월의 때늦은 태풍으로 여몽 연합군은 제대로 된 공격도 못 하고 두 차례의 일본 공격에 실패한다. 이때부터 일본은 10월 계절풍을 '신의 바람'으로 부르면서 '일본은 신이 지켜주는 나라'라고 자부하기 시작했다. 이것이 2차 세계대전에서 이상한 모습으로 다시 살아난 것이다.

일본은 2차 세계대전 당시 태평양 전쟁에서 전세가 기울자 전투기를 미군 군함에 돌격시키는 가미카제 공격을 감행했다. 천황을 위하고 사무라이로서 명예를 지키기 위해 목숨을 바치라는 강요 때문에 자살당한 것이다. 이렇게 그릇된 정신승리는 육체의 패배를 부르는 멍청한 전술일 뿐이다. 우수한 조종사를 일회성 소모품으로 낭비하게 되었고, 전쟁 말미에는 일본 본토 상공이 텅 비게 되었다.

'신풍'의 음독은 '신푸'이고 훈독은 '가미카제'이다. 일본군 내부에서도 본래 '신푸'라고만 불리던 것이 미국 기자에 의해 '가미카제Kamikaze'라고 쓰이면서 자폭행위, 자살공격, 막무가내식 전술의 대명사로 자리 잡게 된다.

> "나 같은 우수한 파일럿을 죽이다니. 일본은 끝장이야. 굳이 자살
> 공격을 하지 않아도 적의 갑판에 폭탄을 명중시킬 수 있다. 천황이
> 라든가 일본을 위한 것이 아니라 사랑하는 내 가족을 지키기 위해
> 가는 것이다. 전쟁에서 지면 내 마누라가 강간당할 거 아닌가?"
> -첫 특공대원 세키 유키오의 인터뷰 중

서양에서도 조국과 고향의 가족, 형제들을 지키겠다는 마음으로

목숨을 바친 이들이 있었다. 2차 세계대전 초기 소련군은 전쟁물자의 부족으로 총과 탄약이 부족함에도 적진을 향해 돌격했고, 앞서 나가던 전우가 전사하면 그의 총을 들고 다시 돌격했다. 스탈린그라드 전투에서는 독일 정예 기갑부대 앞에서 나이 어린 소년병들이 맞서서 싸우기도 했다. 독일군의 파상공세를 온몸으로 받으며 시간을 벌었고, 결국에는 독일군을 포위하여 섬멸할 수 있는 여건을 만들었다.

이 전투 결과 독일이 야심차게 시작한 바르바로사(붉은 수염, 신성로마제국의 프리드리히 1세의 별명) 작전이 실패하는 분기점이 되었고, 전세는 역전되었다. 결국, 포위된 독일 6군의 25만 명은 모포 한 장으로 시베리아의 강추위를 견디며 동쪽으로 수용소를 향해 죽음의 행군을 할 수밖에 없었다.

이상의 사례에서 볼 수 있듯이 군인의 신념이란 때로는 모든 불비한 조건을 극복하는 초월적인 힘을 지닌다. 군대가 무기체계로 무장하는 것처럼 군인은 신념으로 정신을 무장하는 것이다!

뛰어난 전투기술을 갖춘 전사

신념이 있고 정신무장이 잘되어 있다고 강한 군대가 되는 것은 아니다. 정신에 걸맞은 전투기술이 있어야 한다. 전투기술이 결여된 전의만 높은 군대는 비참한 현실만을 남기고, 정신승리는 이성적 판단을 할 수 없게 만든다. 미군 본토 공격에 대비해 죽창과 대나무활 같은 대공 무기를 만든 일본이 그랬다. 1억 옥쇄니 뭐니 하다가 결국 원폭을 맞고서야 현실을 직시하게 되었다.

전투기술의 중요성은 과거 스파르타군에서도 찾을 수 있다. 〈300〉이라는 영화는 기원전 480년 제3차 페르시아 전쟁 중 테르모필레 전투가 배경이다. 스파르타의 레오디나스 왕은 300명의 정예 전사와 함께 테르모필레 협곡에서 100만이 넘는 페르시아군을 3일이나 막아낸다. 실제로는 지원군 700명을 포함해 1,000명이었다. 하지만 그 적은 수로 어떻게 그 많은 적을 상대로 3일씩이나 버틸 수 있었을까?

답은 스파르타식 전사 훈련에 있었다. '아고게Agoge'라고 부른다. 스파르타식 교육은 태어날 때부터 시작된다. 5명 검사관의 검사를 거쳐 기형 등 이상이 있으면 절벽에 떨어뜨려 죽였다. 남자아이들은 7살이 되면 합숙을 시작했다. 하루 10시간을 체력훈련, 창술, 방패술, 방진, 검술, 근접전, 박투, 레슬링 등 군사훈련으로 보냈다.

단어가 주는 느낌에서 알 수 있듯 스파르타는 고도의 훈련을 중요시했다. 충성을 다하는 전사로 단련시키기 위해 맹렬한 경쟁과 처벌을 마다하지 않았다. 그렇게 스파르타 군인들은 어려서부터 절제되고 강인한 전사로 키워졌다.

이처럼 전투기술이 뛰어난 전사로 키워지는 사례는 동양에서도 찾아볼 수 있다. 바로 몽골 군대다. 그들은 유목민족으로 어려서부터 말과 활을 능수능란하게 다루었다. 거기에 더해 몽골 초원의 추위와 혹

독한 환경, 유목생활은 그 자체가 자연스러운 훈련이 되었다. 이를 바탕으로 한 기병전술이 세계 최강의 군대를 만들어낸 기초가 된 것이다.

강한 군대의 기초는 강한 군인이다!

전문적인 장교의 지휘

군인은 강한 군대를 이루는 핵심 요소이다. 강한 군대는 전투원의 뛰어난 전투기술을 바탕으로 전문화된 직업군인의 지휘 아래 최상의 전투력을 발휘한다. 병사들이 아무리 전투기술이 뛰어나다 해도 지휘하는 장교가 어수룩하면 어찌 될까? 장교는 전문지식이 있어야 한다.

최고의 전문 직업군 장교는 독일군에서 찾아볼 수 있다. 독일군의 일반 참모부를 구성한 전문 직업군의 우수성은 1차 세계대전 시에 동부 전역의 전투에서 확인되었다. 타넨베르크 전투는 1차 세계대전 중 독일제국을 침공한 러시아제국이 참패한 전투로서, 독일은 마르크스 호프만 중령이 기안한 작전계획으로 대응해 승리했다. 러시아군은 병력손실 약 24만 5,000여 명, 야포 손실 1,000여 문, 포로 15만여 명에 달하는 피해를 보았다.

러시아군은 병력이 압도적이었지만 훈련과 사기가 낮았고 지휘관들 간의 불화가 심해, 이러한 군대로는 독일 전문 직업군의 우수한 훈련과 임무형 지휘체계 등에 맞설 수 없음이 증명되었다.

현대에 들어와 가장 강한 군대라면 미군을 들 수 있다. 미군은 각 개개인의 우수성보다는 월등한 국가의 전쟁수행 능력을 바탕으로 한 군수보급 능력과 과학기술을 바탕으로 한 것이었고, 부족한 것이 없는 상태에서의 전쟁 승리였다고 할 수 있다. 그러나 우리나라보다도 작은 이스라엘의 예를 보자!

19세기 말 프랑스에서 발생한 드레퓌스 사건에서 시작한 시오니즘은 중동부 유럽을 휩쓰는 열풍으로 번졌다. 이 시기에 오스만제국과 대치 중이던 영국은 참전과 지원을 요구하는 대가로 유대인 민족국가 수립을 약속했다. 유대인은 제안을 받아들이고 아랍 한가운데 팔레스타인 지역에 이스라엘을 결국 건국하게 된다. 이후 불안한 국제환경과 국가 간 마찰을 해결하기 위해 유엔이 나섰지만 실패한다. 결국, 중동지역은 처참한 전쟁터가 되었다.

갑작스럽게 군대를 모은 이스라엘은 금방이라도 무너져 내릴 듯했다. 그러나 이스라엘은 휴전이 될 때까지 견디고 견뎌냈다. 무엇이 이것을 가능하게 했을까? 단순하다. 살기 위해 싸운 이스라엘과 싸워도 그만 안 싸워도 그만이라 생각한 군인들로 구성된 아랍 군대가 싸웠기 때문에 이스라엘이 버틸 수 있었던 것이다. 간절함이 이스라엘의 손을 들어주었다.

어떻게 국력이 10배나 넘는 월등한 국가들과 싸워 갓 태어난 신생독립국이 이길 수 있었을까? 과연 어떤 군대, 어떤 군인이 강한지는 한두 가지 단편적인 것만으로는 판단하기 어려운 것이다. 군인으로서의 신념, 무기체계 등 다양한 요소들이 어우러진 하모니가 전쟁 승리로 이어질 수 있어야 강한 군대이고, 그 속의 군인들은 강한 것이다.

과연 강한 군인과 강한 군대가 각각 따로 존재할 수 있을 것인가? 강한 군대에는 강한 군인이 필수이고, 강한 군인이 없는 강한 군대는 존재할 수 없다. 어차피 전쟁에서는 군인이 승리하는 것이 아니라 군인들로 구성된 군대가 승리하느냐 혹은 패배하느냐가 핵심이다.

징병이냐 모병이냐, 그 선택 앞에서

　최근 들어 모병제니, 징병제니, 인구절벽이니 하는 이야기가 많이 들린다. 무엇인가를 결정해야 할 때 확신이 서지 않거나 헷갈리고 주저할 수밖에 없는 상황에 직면하게 된다면, 그 사안의 본질을 보기 위한 통찰이 필요하다. 그럼으로써 핵심과 부차적인 것을 구별해야 한다. 그리고 그 핵심을 양극으로 밀어놓고 비교해보면 의외로 쉽게 간파할 수 있다.

　현재 우리나라에서는 모병제냐 징병제냐에 대한 선택의 논의가 서서히 뜨거워지고 있다. 그것을 결정할 부가적인 요소들은 일단 부차적인 것으로 남겨두어야 한다. 병역제도를 선택해야 하는 본질이 무엇인지를 분명히 해야 한다.

　국가를 지키는 것은 군대와 군인만의 몫이 다가 아니다. 상식적인 사람이라면 스스로 지키지 않으면 지킬 수 없다는 역사적 교훈을 알고 있을 것이다. 국가의 안전은 돈만으로는 지킬 수 없음을 알 것이다. 위기의 순간 가장 먼저 죽음에 직면하게 되는 군인이 된다는 것, 그것은 다른 누군가가 아니라 '내가, 내 한 목숨 바쳐 나라를 지켰노라'라고 스스로 신념을 실행함으로써 자랑스러워져야만 가능한 것이다.

모병제를 실시하겠다는 것과 징병제를 폐지하겠다는 것은 같은 말이다. 그런데 국가를 위하고 국민의 생명과 재산을 지킨다는 숭고한 신념은 병역제도와는 무관하다고 여겨진다.

모병제로 전환한다면 어려워진 경제상황에서 할 일이 없는 젊은이들에게 일자리를 주고, 전문 직업군인에 의해서 국가안보가 지탱되고, 복무기간이 짧은 미숙련 병들에게 고가의 첨단장비 등 무기체계의 운영을 맡긴다는 부담을 없애는 등 장점도 많다.

하지만 과연 어떤 사람들이 군을 지원하게 될까? 취업이 안 되고 사회에서 처우나 대우에 불만이 있는 젊은이들이 그것을 해소하고자 꿈과 일자리를 찾아 군대를 선택할 것이다. 그러한 군인들이 모인 군대가 과연 강한 군대가 될 수 있을까?

로마는 시민군 체제를 운영했다. 당시 거의 모든 나라가 용병을 돈으로 고용했으나 로마는 건국 초기부터 시민군으로 운영되었다. 만 17세부터 45세까지 병역의무가 부과되었다. 소집이 되면 자기 돈으로 스스로가 무장하고 전쟁에 투입되었다. 생계를 중단한 채 참전한다는 것은 상당한 부담처럼 보일 수 있으나 로마만의 시민군은 돈을 위해 싸우는 용병과 달랐다. 병역 이행은 로마 시민권과 참정권, 공직에 나갈 자격을 주었고 사회적 명예의 척도가 되었다. 그들은 가족과 공동체, 자신을 위해 싸우는 군대였다.

이같이 로마군의 병역은 사회구성원으로서 자부심을 느끼기에 충분했으며, 실제 그 보상도 충분했던 것으로 보인다. 로마 시민군은 모병제, 징병제의 장점만이 발휘된 제도로 운용된 것이라 해도 과언은 아닌 듯하다.

군에 가는 데 있어 모병제는 '선택', 징병제는 '강제'라는 이분법적인 사고도 문제이다. 모병제 도입이 논의된다는 것은 징병제에 대한 부정적 목소리가 높아지고 있음을 시사하는 것이다. 즉, 군에 가고 싶지 않은데 강제적으로 군을 가야 하는 이 상황이 불만족스러운 것이다. 그렇다면 해결책은 무엇일까?

다른 나라들은 이를 위해 어떤 병역체계를 가지고 있고, 그것이 현실에서는 어떻게 시행되는지 궁금해진다. 그리고 우리나라의 현실, 타국과의 비교, 그 시사점은 무엇인지, 국가별 특징 위주로 살펴보자.

세계 여러 국가의 병역체계

세계 최강 군대, 미국

미국은 1973년부터 모병제를 전면적으로 시행하였다. 그러나 전
시를 대비하여 징병법 자체는 폐지되지 않고 유효했으며, 18세가 된
모든 남성은 의무적으로 징병 등록을 했다. 독립전쟁 시 의무병제를
채택한 이후 여러 차례 제도의 변화를 거듭했고 1, 2차 세계대전 기간
에는 징병제를 시행하다가 모병제로 전환하였다.

당시 닉슨 대통령 후보가 모병제 전환을 선거공약으로 내세웠다.
그전 1967년에는 의회에 모병제를 원칙적으로 찬성하지만 현실적인
비용과 시행 측면에서 입법화하는 것은 불가능하다는 의견을 보냈다
고 한다. 추가로 훗날 닉슨은 워터게이트 사건으로 대통령직을 불명
예스럽게 사퇴하게 된다.

베트남 전쟁 패전과 반전 분위기 확산에 따라 모병제의 도덕적 정당성과 경제적 효율성을 적극적으로 홍보하였고, 닉슨은 대통령으로 당선된다. 모병제 전환의 핵심적인 이유는 병역 이행의 불공정에 대한 불만이었다. 낮은 징집률로 저학력자나 저소득층이 주로 징집되는 상황이었다. 특히 패전 이후 군에 대한 혁신이 요구되면서 군대 규모를 축소하고 국방비를 집중적으로 투자함으로써 강한 군대로의 체질 개선을 도모했다.

중국식 공산주의의 모병제

중국은 지원병을 모집하여 병사를 뽑고, 정원이 차지 않으면 징병으로 정원을 채우는 방식인 징모혼합제를 시행하고 있다. 그렇지만 사실상 많은 인구수 때문에 모병만으로도 군 정원을 채울 수 있다. 따라서 그들의 징집 방식은 모병제에 가깝다고 볼 수 있다. 그런데 애초에 필요 없는 징병제도를 유지하는 이유는 국민에게 국방의 의무에 대한 경각심을 심어주기 위한 것이라고 볼 수도 있다.

중국은 모병 병사가 왜 이렇게 많은가? 중국 정부는 징병제의 단점을 보완해 모병으로도 충분하게 제도적인 보완책을 갖추었기 때문이다. 그들은 징병제의 단점인 '강제성'을 없앴다. 1998년 12월부터 육해공군 모두 2년으로 단축하였다.

그러나 짧은 의무복무기간에도 불구하고 많은 혜택이 주어진다.

급여는 많지 않지만 그 외에 받을 수 있는 혜택의 종류가 우리와 비교시 상당히 파격적이다. 군필자는 공산당원이 될 자격이 주어지고 공무원이 수월히 될 수 있으며 각종 취업 알선과 학비 면제, 국영기업 취업 시 가산점도 주어진다. 이런 이유 때문인지 입대를 위해 뇌물까지 쓰는 일도 있다고 한다.

단일민족 군대, 독일

독일은 1955년 재무장을 시작하여 1956년 7월 징병제를 도입하고 만 18세 이상 남성이 병역법에 따라 입대했다. 처음 징병제 도입 당시 12개월이었던 의무복무기간은 냉전 시기에 18개월까지 늘었다가 1990년 10월 통일 이후 점차 점차 줄기 시작해 6개월까지 단축되었다. 이후 55년간 유지해오던 징병제를 중단하고 2011년 7월 모병제로 전환하였다.

1990년 통일 이후 20년 이상 징병제를 고수하면서 국민의 모병제 요구를 무마하였으나 결국에는 2011년 군 의무복무제 유예를 확정하였다. 그러나 전시에 징병할 수 있도록 헌법상 규정은 남겨놓았으며, 양심적 병역거부 등 젊은이들이 대체복무 등을 할 수 있도록 제도가 새롭게 시행되기도 했다.

이러한 과정에서 병역에 대한 형평성 문제가 제기되었고 안보환경의 변화로 인해 병역 기피 현상도 발생하였다. 이를 해소하기 위해 복무기간을 단축하고 징집병의 비율을 감소하는 대신 지원병의 비율을 확대하는 과정을 거치면서 모병제로 전환하게 되었다.

병력 수준은 18만 명으로, 이 가운데 약 3,600명이 해외에 파병되어 있다. 최근에는 군 내에서 발견되는 극우 분위기와 모병의 어려움 등으로 징병제로의 회귀와 군대를 지원하는 이들에게 대학 입학자격 보장, 연금혜택 확대를 핵심으로 하는 지원복무제가 공론화되고 있다고 한다.

적과 대치 중인 대만

'본토 수복'을 기치로 1950년대에는 60만 명, 1990년대에도 40만 명을 유지했다. 중국과의 군사적 긴장관계를 고려해 현역복무와 군사교육을 받게 하는 징병제이다. 2018년 12월 26일에 모병제로 전환하였다. 징병제 기간에도 복무기간을 점진적으로 단축하여 1999년부터 22개월의 복무기간을 2009년부터는 12개월 이하로 줄였다. 징병제에서 모병제로 전환하는 과도기에는 징모혼합제를 시행함으로써 복무기간 단축으로 인한 병력 부족을 예방하고 모병제 전까지 직업군인 비율을 최대한 확대하려 했다. 또한 급여 인상과 복지 향상, 그리고 주거환경을 개선해나갔다. 추가적인 조치로 군 지원 자격을 완화하고 여성에게 입대를 확대했으며 우수인재를 획득하기 위한 다양한 노력도 병행하였다.

이렇게 병역제도를 변경한 배경에는 당시 '양안 경제협력 기본협정'이 체결되는 등 중국의 군사적 위협을 정치·외교적인 국내용 제스처 정도로 인식하는 분위기도 한몫했다. 이처럼 변화된 안보환경과 감군을 통해 양안 관계의 긴장 완화를 모색하면서, 출산율 저하와 젊은 세대의 병역기피 풍조라는 다양한 원인이 복합적으로 작용한 것으로 해석된다.

섬나라 영국

영국은 19세기까지는 대륙과 바다를 사이에 둔 지리적 이점 때문에 대규모 육군을 필요로 하지 않았다. 그러나 1, 2차 세계대전 발발로 징병제도를 통과시키고 1960년에 폐지되었으며 지원병제도로 변경하였다.

국가복무National Service로 불리는 징병제는 1957년부터 단계적으로 폐지되기 시작해 1963년 5월에 마지막 징병 군인이 전역하면서 일반인을 대상으로 한 징병제가 완전히 폐지되었다. 그러나 이것은 일반인에게만 적용되고 황실과 귀족은 제외된다. 노블레스 오블리주 Noblesse Oblige, 사회 고위층에게 요구되는 높은 수준의 도덕적 의무라는 단어가 떠오른다.

국가를 지키는 데 가장 소중한 목숨을 솔선하여 자발적으로 희생하는 헌신정신의 발로로서 의무인 동시에 명예로 인식되었다. 실제로 1차, 2차 세계대전에서 고위층 자제가 주로 다니던 이튼칼리지 출신은 2,000여 명이 전사했고, 포클랜드 전쟁 때는 앤드루 왕자가 전투 헬기 조종사로 참전하기도 했다. 이 같은 사례는 동서양을 불문하고 역사적으로 강대국에서는 쉽게 찾아볼 수 있다. 반면에 거의 천 회에 가까운 외부 침략을 받은 한반도에서는 드물다는 사실이 씁쓸하다.

최초의 징병제 국가, 프랑스

프랑스 혁명 이전까지 왕립군은 주로 직업군인과 용병이었으나 1789년 프랑스 혁명 이후 최초로 징병제를 시행했다. 장 바티스트 주르당의 '주르당법'에서 '모든 프랑스인은 군인'이라며 징병제에 대한 법적인 정당성을 확보했고, 이는 나폴레옹에게 전해지며 전쟁에 동원되었다.

최근까지 시행된 징병제는 제3공화국 시기인 1905년부터 실시된 것으로 1, 2차 세계대전, 1946년 인도차이나 전쟁(베트남 독립전쟁) 때 직업군인을, 1954년부터 1962년까지의 알제리 전쟁 때에는 일반인들도 징집되기도 했다. 이처럼 세계대전과 식민지전쟁, 냉전 등 안보환경의 변화를 거치며 복무기간 연장·단축, 여성 자원입대 허용, 공익근무 등 다양한 복무 형태의 변화를 거치기도 했다. 이후 1996년에 평시 징병을 중단하고 2001년에 자크 시라크 대통령이 징병제 폐지를 선언함으로써 종료하게 된다.

최근 2019년 6월부터는 16세 남녀 청소년을 대상으로 한 의무복무제 'Service National Universal'가 도입되었다. 이것은 의무적 군사교육 체험 제도로서 마크롱 대통령이 2017년 대선 운동을 하면서 공약으로 내세운 것이며, '프랑스 국민의 의무'를 강조함으로써 사회적 단결을 도모하려는 것으로 보인다.

중립국 스위스

스위스는 민병제로 불리는 병역제도를 가지고 있으며, 모든 국민에게 국방의 의무를 부과한다. 평시에는 생업에 종사하고 전시를 대비한 동원훈련을 받아야 하며, 국민 총력전 체제에 의해 국토를 방위하는 중립국의 지위에 맞는 독특한 제도를 두고 있다. 현역과 예비역을 따로 구분하지 않고 민병제도를 유지하는 이유는 국제적으로 인정되는 영세중립국으로서 군사적 위협이 거의 없고, 국토의 4분의 3이 산악지대여서 외부 침략에 대한 방어 준비태세를 위한 시간적인 여유가 있기 때문이다.

이 민병제는 직업군인과 상비부대가 없고, 기초군사훈련을 시행하고 부대근무와 훈련을 반복하는 시스템으로 운영된다. 전시와 평시의 편제가 같다는 특이한 장점도 가지고 있다. 만 18세 남성은 의무적으로 징병검사를 받게 된다.

이후 적격자로 판정되면 17주간 신병교육을 받고 민병대에 편입되어 21세부터 50세까지 복무하게 된다.

전쟁이 끊이지 않는 이스라엘

1947년 11월 29일에 유엔이 영국의 위임통치를 받던 팔레스타인의 강제 분할 계획을 채택하고, 1948년 5월 14일에 다비드 벤 구리온의 국가 선포로 이스라엘이 건국되었다. 그리고 다음 날 주변의 아랍 군대가 팔레스타인을 침공함으로써 정식 군대도 없는 상태에서 전쟁한 역사가 있다. 공식적인 창군은 1948년 5월 26일로, 독립전쟁이 한창이던 기간에 이루어진다. 병역법 역할을 하는 방위복무법은 만 18세 이상 남녀 모두를 징집대상으로 하고 있다.

방위복무법 제1조(본법)
④ "병역연령자"는 다음 각호에 따른 연령의 이스라엘 국민 또는 영주권자를 의미한다.
(1) 남성의 경우 18세에서 55세까지
(2) 여성의 경우 18세에서 38세까지

단, 여군은 임신과 출산을 하면 자동 면제된다. 현재 복무기간은 남성 30개월, 여성 24개월이며 제대 후에는 전원이 예비역으로 편입된다. 병력 규모는 상비군 16만 8,000여 명, 예비군 44만 5,000여 명이다.

독립과 함께 시작된 전쟁과 사방이 적으로 둘러싸인 지리적 상황, 계속되는 테러 등과의 전투로 현존하는 군대 중 실전경험은 타의 추종을 불허한다. 병사 월급은 우리 돈으로 월 10~20만 원 수준이며, 사적 제재가 없고 상하 간에 자유스러운 분위기 등 눈여겨볼 만한 군대 문화를 가지고 있다.

모병제가 만병통치약인가?

군의 가장 이상적인 병역시스템은 모병제라고들 말한다. 자발적으로 나라를 지키겠다는 의지와 전문지식을 겸비한 직업군인으로 이루어질 것으로 기대되는 군대이다. 그 어느 군대보다 강할 것이라는데 이견을 제시하기 어려운 군대의 병역시스템이다. 이런 군대는 싸울 때마다 승리한다.

그런데 여기서 중요한 것은 병역시스템이 모병제이기 때문에 강하고 징병제는 약하다는 것이 아니라는 점이다. 병력 충원의 형태가 본질이 아니라 어떤 군인들로 구성되느냐가 중요하다. '군 복무에 대한 확고한 의지'와 '탁월한 실력'이 있느냐가 강한 군대, 강한 군인의 본질인 것이다.

이 두 가지 중에서도 핵심은 '의지'이다. 의지가 있으면 개인 전투기술과 기량을 발전시키기 위해 자발적으로 노력하게 되고 전문 싸움 꾼, 전사가 되며 군사 전문가로 성장하는 것이다. 그렇다면 그 의지는 어떻게 만들어질까?

매슬로의 욕구 단계 이론 중 첫 번째인 생리적 욕구부터 해결해야 한다. 50~60년대에 군대 가는 이들 중에는 집에서 먹고 살기 어려워 밥이라도 배불리 먹기 위해서인 경우도 꽤 있었다. 지금의 상황으로는 이해하기 쉽지 않지만, 실제 그런 이야기를 듣기도 했다. 지금도 군대에서 먹고 자는 등의 생리적 욕구는 가장 기초적이면서도 중요하게 여겨지는 것을 보면 틀린 말은 아니라 생각된다. 그 외에 안전, 사회적 존경, 자아실현의 욕구로 발전한다.

목숨을 담보로 하고 자유가 구속되는 군 생활을 징병제이니 꼭 가야 하고 모병제이니 가도 그만 안 가도 그만인 것으로 생각해서는 안 될 것이다. 징병제라도 인간의 욕구를 충족할 수 있다면 모병제보다 훨씬 강한 군대를 만들 수 있을 것이다. 가고 싶어도 못 가는 군대를 만들면 된다.

해병대를 보자. 훈련은 그 어느 부대보다 힘들고 상륙작전이라는 임무는 그 어느 부대보다도 위험하다. 그러나 늘 최고의 경쟁률을 보여왔다. '누구나 될 수 있다면 해병을 지원하지 않았다'라는 말처럼 남다른 자긍심이 있기 때문일 것이다. 어쩔 수 없이 가야 할 곳이 아니라 자발적으로 가고 싶은 군대를 만들어야 한다.

로마가 한창 전성기를 구가할 때 로마 군단은 세계 최강이었다. 로마 군대의 구조는 시대에 따라 크게 변했다. 초기에는 징병제로 급료를 받지 않는 시민군에서 출발하여 후대에는 모병제로 전문 직업군으로 발전하였다.

로마의 시민만이 군인이 될 수 있었고, 군인이 되어야만 시민으로 대우를 받았다. 국방의 의무를 수행한다는 존경을 받으며 누구나 될 수 없다는 자긍심도 높았다. 군 복무 경력은 전역 후 사회지도층이 되는 필수 스펙으로 자리 잡았다.

이러한 힘을 바탕으로 조그만 언덕의 작은 도시국가였던 로마가 세계를 지배하는 패권국가가 될 수 있었던 것이다. 이후 제국의 확장과 더불어 군대의 규모가 커짐에 따라 전문 직업군인이 등장하면서 최고의 전성기를 누리게 된다.

우리 역사에도 이보다 더 강한 군대가 존재했다. 23전 23승이라는 신화와 같은 승리를 거둔 이순신 장군의 부대이다. 임진왜란 당시 왜군의 만행에 대한 적개심을 가지고 자발적으로 모여든 군대였다. 여기서 중요한 것은 평범한 백성이 군대의 다수였다는 것이다. 직업군인은 극히 소수였다.

그런 군대의 무엇이 전승 신화로 이끌었을까?

바로 '자발적 의지'이다. 자발적으로 군인이 된 구성원이 뛰어난 군인에 의해 훈련을 받으면 얼마나 강해질 수 있는지, 그 의지의 중요성을 실감할 수 있는 역사적 사실이다.

그러나 강한 군대는 그 의지만으로는 부족하다. 승리가 담보되지 않는 전투는 하지 않고 이기게끔 훈련할 수 있는 장수는 몇이나 될까? 그런 군인은 만들거나 찾기도 불가능할 뿐만 아니라 그런 상황을 주지 않는다면 인간의 눈으로 식별해낸다는 것은 거의 불가능이라 해야 할 것이다. 만약 이순신 장군이 환생한다면 가능할까.

그런 장수가 없다면 아무리 압도적인 수적 우세와 승리에 대한 열망이 있더라도 승리를 장담할 수 없다. 동학혁명 당시 우금치 전투가 그 사례이다. 죽창과 낫, 곡괭이 등으로 무장한 동학농민군이 현대식 대포와 기관총 등에 속절없이 쓰러진 것이 그 예이다.

전투기량, 즉 군인 한 명 한 명의 전투기술과 무기가 결합하여야 한다. 무기는 돈만으로도 충분히 준비할 수 있다. 그러나 이것을 가지고 싸울 군인들은 어떻게 만들어야 할 것인가?

물론 국가를 위해 헌신하겠다는 이들로 구성된 군대는 그 자체만으로도 숭고해 보일 것이다. 그러나 모병제로 전환하기 전에 짚고 넘어가야 하는 부분이 몇 가지 있다. 크게 두 가지만 제시하겠다.

첫째, 모병제를 한다 한들 얼마나 모병될 것인가?

모병제를 채택하고 있는 대표적 국가인 미국도 현재 병력 부족 문제로 허덕이고 있다. 병력자원이 유지된다는 확신도 없으면서 징병을 안 한다면 뒷감당은 어떻게 할 것인가? 특히나 안보 위협 문제를 상시 지닌 현재 상황에서 말이다.

둘째, 모병제의 메리트를 체감할 수 있도록 여건 보장 문제를 어떻게 해결할 것인가?

워라밸Work-Life Balance이라는 말도 등장했지만, 현대사회는 여가와 휴식이 중요한 직업적 가치를 갖는다. 돈도 돈이지만 내 시간을 온전하게 내 것으로 만들고 자신만의 행복을 추구하는 경향이 갈수록 뚜렷해진다. 이러한 상황에서 병사들에게 월급을 얼마나 주어야 보상이 될지, 출퇴근하는 간부와 그러지 못하는 용사의 차이를 어떻게 극복할 것인지, 성인이 되어 완전한 자유를 갖기 시작한 시기, 평생 살아갈 원동력을 만들어야 할 인생의 중요한 시기에 있는 젊은이들에게 군복무를 어떤 형식의 병역제도 아래서 하게 할 것인지 등은 쉽지 않은 문제임은 틀림없다.

우리의 모병제 논의는 어떠한가?

언젠가는 모병제를 해야 할 것이다. 다만 언제 어떻게 시행해야 하는지를 알 수 없고, 저마다 의견이 다르다는 것이 문제의 핵심이라 생각된다. 충분한 의견 제시와 논의가 필요하다는 데 동의한다. 하지만 이 과정에서 본질적인 목적을 잃어버리거나 벗어나서 다른 의도를 숨긴 채 혼란만 부추겨서는 안 될 것이다. 자칫 어떤 군중심리나 감정에 치우쳐 철저한 준비 과정 없이 졸속으로 시행된다면 뒷감당은 할 수 있을까? 안 되는 것은 안 되는 것이고, 되게 하려면 어떤 선행 조건의 충족이 가능할까, 심도 깊이 살펴보아야 한다.

우리나라에서도 대통령 선거 열기가 한창이었던 2012년 모 정치인이 징병제를 폐지하고 모병제를 도입하자는 의견을 내면서 본격적으로 논의되기 시작했다. 군의 규모를 30만 명으로 축소하고, 일자리

20만 개 이상 창출이 가능하다고 했다. 모병제 전환 시 3조 원 이내의 추가비용이 발생하지만, GDP(국내총생산)가 35조가량 상승한다고 주장하기도 했다. 양 중심에서 질 중심의 군대로, 지식 중심의 선진 첨단 군대로의 전환을 통해 장기적으로 주한미군에 과도하게 의존하지 않는 자주적 군대를 만들 수 있을 것으로 예측하기까지 했다.

같은 말, 다른 뜻! 편견에 따라 달라 보이는 팩트들!

이와 관련된 여러 사실과 의견들을 살펴보고자 한다. 그중에서도 최근 각종 토론이나 대담에서 찬반 의견이 충돌하는 이슈 위주로 정리해보겠다.

인구절벽 때문에 모병제를 도입해야 한다?

2019년 출산율이 0.92명이었다. 징집대상이 2025년부터 감소하기 시작해서 2030년 20만 명, 2040년에는 14만 명으로 감소하게 된다. 그래서 어쩔 수 없이 모병제로 전환해야 한다는 논리를 펼치는 사람들이 있다. 여기서 논리적 오류가 발생한다. 이는 현 복무기간 18개월을 기준으로 한 것이다. 복무기간을 연장한다면 자연스럽게 해결된다. 2000년도부터 출산율은 저하되기 시작했다. 출산율이 저하되면 징집대상은 줄어든다.

인구절벽과 모병제 도입, 복무기간 연장·단축의 상호관계를 다시 살펴볼 필요가 있다. 가까운 과거인 2003년부터 24개월의 복무기간이 2010년 3개월, 2018년 3개월씩 단축되어 현재는 18개월로 마무리되었다. 출산율은 떨어지고 있는데도 왜 그렇게 했을까? 출산율은 OECD뿐만 아니라 전 세계에서 최하위이다. OECD 국가 중에서만 따지면 2020년 자료 기준으로 출산율이 1을 밑도는 국가로서 유일하다. 2020년 출산율인 0.84는 역대 OECD 국가가 기록한 가장 낮은 출산율이다. 동시에 세계 최초로 국가 단위 출산율이 0.85 미만인 기록이다.

우리나라의 출산율은 1993년부터 본격적인 하락세를 보였다. 1996년에는 출산정책을 산아제한정책에서 산아자율정책으로 전환했다. 2002년부터 출산율이 1.18명으로 초저출산 사회로 접어들었다. 이에 따라 2003년부터는 산아자율정책에서 다시 출산장려정책으로 전환했으나, 지속적인 우하향 추세는 멈출 수 없었다. 뻔히 병력부족이 예상되는데도 불구하고 복무기간 단축을 통해 병력부족 현상을 앞당기는 이유가 궁금해진다.

모병제로 청년 일자리를 창출한다?

청년들 일자리가 없다는 말이 무성하다. 지금이 6·25전쟁 후도 아닌데 이상하다. 땀 흘려 일하면 돈 준다는 곳은 많다. 공사현장 하루

일당도 10만 원이 넘는다. 하지만 그곳에는 한국 청년 대신 중국, 동남아 청년들만 있다. 군대 일은 그보다 더 힘들다. 목숨을 담보로 한 곳이다. 일당도 적다. 누가 올지 궁금하다. 그것도 징집되어 오면 어쩔 수 없겠지만 자발적으로 누가 지원할까?

징집병을 모병으로 대체하면 그만큼 일자리가 창출된다고들 한다. 군 복무에 따른 사회적 비용을 상쇄하고, 취업이 어려운 이에게 안정적인 직업을 보장한다는 것은 아주 효율적으로 보인다. 그러나 직업군인이 일반기업의 일자리와 같은 월급이라면 자유가 좀 더 확보되고 보장되는 곳이 좋지 않을까? 그렇다면 그런 좋은 곳에서 안 받아주는 사람들이 군대로 향하게 되지 않을까? 군 복무로 인한 기회비용은 적절한 보상을 함으로써 상쇄시켜나갈 방법을 찾는 것이 논리적일 것이다.

모병제는 국가의 첨단 무기체계 운용에 전문성이 있는 인력을 안정적으로 확보할 수 있는 이점이 있다고들 한다. 취업전선에서 실패하거나 중도에 하차한 이들에게 군에 맞는 전문성을 기대할 수 있을까? 없는 전문성을 만들기 위해서는 상당 기간의 교육과 노력이 필요할 것이다. 고가 장비를 운용하는 데 단순 장비 조작이나 정비만 가능하면 될까? 단순 장비에 대해 알려면 단순 노력으로 충분하다. 그러나 첨단 무기체계는 첨단 전문지식이 있어야 한다. 저학력층이나 학습능력이 떨어지는 이들을 교육하려면 상당한 시간과 노력이 필요하다.

모병제 시행에 따른 우려사항과 전제조건이 문제가 아니다. 모병제나 징병제가 문제가 아니라 안정적인 병력 충원을 보장해야 한다. 우선 적정 병력 규모가 상정되어야 한다. 워게임이나 시뮬레이션, 전쟁연습 과정을 거쳐 소요 병력을 우선 정해야 한다. 논의와 검증을 하는 것에는 만만찮은 에너지가 요구될 것이다. 소요가 정해지면 가용 병력 확보를 위해 복무기간을 탄력적으로 적용해야 할 것이다.

군 첨단화로 병력 부족을 해소할 수 있다?

인구절벽에 따른 병력 부족을 다른 수단으로 보충 가능하다고들 한다. 무기체계를 첨단화하고 자동화함으로써 운용 인력을 줄일 수 있다고. 맞고 옳은 이야기이지만……. 이를 위해서는 천문학적인 국방 예산이 추가 소요된다.

현재 군에는 2차 세계대전 시 사용하던 전차와 야포 등 각종 무기체계가 남아 있다. 예산 부족을 핑계로 아직도 운용 중이다. 육군에서 추진 중인 아미타이거, 워리어 플랫폼, AI 등의 사업을 전군에 확대 적용하려면 어느 정도의 예산이 필요할까? 이것도 목표 수준을 먼저 설정해야 한다. 하나만 예를 들어보자. 100% 워리어 플랫폼을 하려면 소요 예산은?

1단계 워리어 플랫폼 1인당 600만 원이 소요된다. 30만 명 무장 시 1.8조 원이 필요하다. 최종 모델은 1인당 4,000~5,000만 원이 필요하다. 30만 명 전원을 무장시키려면 12~15조 원이 소요된다. 월급, 첨단화된 무장 예산을 더하면 계산 불가이다. 나머지 장비, 무기까지 첨단화하려면 슈퍼컴퓨터만이 계산할 수 있을 것이다. 조만간 헤드라인을 장식할 제목이 궁금해진다.

'밥도 제대로 못 먹는데…….'
'아직도 예산 부족으로 침상형 생활관이 그대로.'
'돈 먹는 하마 = 군대?'

현재 첨단화 리스트 중 육군만 대충 계산해보자! 지대지 미사일 KTSSM, 한국형 미사일방어체계KAMD, 드론봇 전투체계 완비에 필요한 예산은 얼마나 될까?

9급 공무원 수준 초봉을 지급한다?

최고의 인재들이 경쟁적으로 직업군인이 되고 싶게 만들려면 어떻게 해야 할까? 일반적으로 '급여를 얼마나 줘야 할지'를 떠올리곤 한다. 틀린 말이 아니다. 중요한 요소이다. 그렇다고 전적으로 맞는다고도 할 수 없다. 어떠한 대가나 보상도 바라지 않고 자신의 목숨을 바친 분들도 어렵지 않게 찾을 수 있기 때문이다.

의병은 한반도의 전쟁 역사에 어김없이 등장하곤 했다. 최근 자주 언급되는 것은 임진왜란 때의 의병과 조선의 운명이 다해가던 시기

항일 의병 등이다. 그 외에도 정묘호란, 병자호란 때에도 의병은 어김없이 있었다. 그들은 신분을 가리지 않았다. 심지어는 노비, 유생, 스님 등에 이르기까지 다양했다. 행주산성 전투 같은 경우는 이름 없는 여성들이 행주치마에 돌을 날라 지원하는 등 작전지속 지원 분야에서 혁혁한 전공을 세운 일화로도 유명하다. 이 외에도 고려 말기에 세계 최강의 몽골 살리타이 군대가 고려를 침입했을 때 약 3,000명의 고려 의병이 기습으로 큰 타격을 준 일도 있었다.

이들 모두는 외적에 맞서 나라를 지켰다. 신분이 비천하고 배움도 깊지 않았다. 사회적 대우나 처우도 갖추지 못했지만 결의를 가지고 의연히 일어났다. 비록 나라가 피폐한 삶을 주었다 할지라도 그들은 지키고자 하는 것이 있었을 것이다. 자신 스스로와 가족, 이웃 등을 외세로부터 보호하려고 한 것이다.

이들의 희생에 대해 국가는 어떻게 보상하고 그들을 어떻게 인정해야 할 것인가? 현대의 시각으로 보면 모병 체제하에서 자발적으로 입대한 그들을 어느 정도 수준으로 대우해야 하는 것인가?

각종 대담이나 토론 등에서 제시되는 개략적인 내용을 보면, 초봉을 9급 공무원 정도의 보수, 또는 월급 200~300만 원 정도, 또는 최저시급을 고려한 금액, 소수이긴 하지만 300~400만 원 이상 등을 제시하기도 한다. 또 현재 임기제 부사관(전문하사)과 비슷한 수준을 제시하는 사람도 있다.

그들에게 묻고 싶다. 간부들은 명령에 따라 근무지를 옮겨야 하지만 일과시간 이후에는 퇴근하는 자유를 가진다. 병사들은 다르다. 24시간 병영 내에 있어야 한다. 징병제하의 젊은이를 위한다면서 모병제하에서 젊은이들의 자유를 구속하는 것에 대해서는 생각을 하지 않는가? 24시간 부대 내에서 출동 대기해야 하는 그들의 자유는 무엇으로 보상해야 하는가?

참고로 예비역 병장들을 대상으로 설문조사를 했다고 한다. 심도 있는 분석을 통해 적절한 월급이 얼마인지 추정할 수 있을 것이다. 그 외 이런저런 그럴듯한 내용도 많았다고 하는데, 그러나 마지막 질문에 대부분이 동일한 답을 했다고 한다.

"얼마를 준다면 다시 입대하시겠습니까?"
"한 달에 천만 원을 줘도 다시는 안 갑니다!"

천문학적인 국방 예산을 감당할 수 있는가?

'천문학적인, 역대급 국방 예산.'
'천조국.'
국방비 관련하여 한 번쯤 들어본 단어들일 것이다. '천문학적'이라는 단어의 첫 느낌은 '굉장히 크다'라는 것이다. 천문학天文學, Astronomy은 별이나 행성, 혜성, 은하 등과 대기권 외부의 현상을 연구하는 자연과학 분야이다. 과학이 발전하기 전까지는 막연히 먼 다른 세상에 관한 것이었다. 현대에 와서는 거리, 시간 등이 숫자로 표현되기 시작했으나 그 크기가 평소에 거의 사용하지 않는 너무나 큰 것들이다. 이럴 때 '천문학적인'이라는 수식어를 자연스레 붙이는 것이다.

국방비는 '천문학적', '역대급'이라는 수식어가 자연스레 따를 만큼 엄청난 액수이다. 도대체 어떻게 구성되어 어디에 쓰이는지 궁금할 수도 있다. 국방비란 '외부의 군사적 위협으로부터 국가의 독립과 주권을 유지하고, 국민의 생명과 재산을 보호하기 위해 지출되는 비용'으로, 전력운영비와 방위력개선비로 구분된다.

전력운영비는 현존 전력을 유지·운영하는 비용으로, 부대의 임무수행을 위하여 편제상의 인력·장비·물자·시설 등을 정상상태로 운용하는 데 필요한 비용으로써 동일 대상에 대하여 주기적이고 반복적으로 발생하는 비용이다.

방위력개선비는 신규 전력 확보를 위한 무기 구매와 개발에 드는 비용으로, 군사력 건설 및 유지에 드는 장비·물자·시설 등의 최초획득 또는 기존 장비의 성능개량 및 상태유지, 노후교체를 위해 투입되는 모든 비용이다.

이렇게 군에 쓰이는 예산이 현실에서는 어떻게 집행되고 있을까? 2021년 국방 예산은 52조 8,401억 원이다. 이중 방위력개선비는 16조 9,964억 원, 전력운영비는 35조 8,436억 원이다. 군사력 건설에 투입되는 방위력개선비는 핵·WMD 위협 대응, 전작권 전환 관련 전력보강, 국방 연구개발과 방위산업 활성화 등 핵심 군사력 건설에 필요한 소요 재원을 반영했다고 한다.

전력운영비는 교육훈련 등 안정적인 국방운영을 위한 필수 소요를 적극적으로 반영했다고 한다. 북 침투, 감염병·테러 등 비전통적 위협 대응능력 강화, 국방운영 첨단화·효율화, 장병 복지 지속개선 등에 중점을 두었다고 언론은 말한다.

모병제를 실시할 경우, 대략 30만 명 이상의 직업군인이 추가로 공무원 신분이 된다고 한다. 참고로 공무원 인건비 관련 정부 발표(예산정책처)에 따르면, 2018년부터 공무원을 9급으로 전원 채용할 경우 1인당 30년간 인건비는 최소 17억 3,000만 원이 드는 것으로 추산됐다. 5년 뒤인 2022년에 채용되는 1인당 인건비는 19억 7,000만 원으로 13.8%(2억 4,000만 원)가량 늘어날 것으로 예상했다. 군인 직업의 특수성을 고려하면 제공하는 주택, 의료, 연금 등도 종합적으로 살펴야 한다. 국방비 천조국이라는 미군에 상응한 학비, 재취업을 위한 교육 등을 포함하면 천문학적인 액수이다.

천조국 수준으로 갈 수 있을까? 갈 수만 있다면 가야 한다. 못 갈 것도 없다. 그러나 현실은? 녹록지 않다. 이상만 추구하며 살기도 쉽지 않다. 현실은 현실이고 추구해야 할 이상은 이상이다. 한반도에서 사람이 살기 시작한 후 천문학적인, 역대급으로 빚 기록을 갱신 중이다.

나라가 마치 내일이 없는 사람 같다.

과연 사회지도층이 군대에 갈까?

우리끼리? 너그끼리?

우리나 너그들에 포함되지 못한 사람들은 그들이 하는 모습을 뭐라 부를까?

'그들만의 리그'라 부른다.

그들을 바라보는 군인이 느끼기에 만족하는 대우란 어느 정도일까? 상대적 박탈감의 비교 대상은 과거가 아니라 현실이다. 적절한 대우와 보상이 이루어지지 않는다면 현실도 미래도 그저 불만 가득한 것이다.

모집되는 병력은 저소득층이나 저학력자, 취업이 안 되는 청년들이 위주가 되어서는 안 된다. 이렇게 된다면 정치권이나 사회지도층으로부터 관심을 잃고, 각종 법률이나 정책 수립에서 군대나 군인은 소외될 가능성이 크다. 자신의 자녀가 현역으로 있거나 입대할 가능성이 있느냐 없느냐에 따라 군대에 대한 관심도가 다른 것이 인지상정 아닐까?

그들의 이미지나 말을 믿지 마라! 에덴동산에서 아담과 이브는 뱀의 탈을 쓴 사탄에게 속았다. 그리 좋은 선악과를 먹으면 하나님처럼 된다고? 사탄이 선악과를 먹었다는 기록을 본 적이 없다. 모병제가 그렇게 좋다면 사회지도층, 고학력자, 고소득자 등이 안 가면 안 되는 옵션을 만들면 어떨까? 남녀 모두에게 군을 완전히 개방하고 확실한 대우를 추가하면 좋겠다.

말로는 못 하는 것이 없다. 행동은 다르다.

말이 이상(理想)이라면 행동은 현실이다!

군인 신분을 자랑스러워할 수 있는 사회인가?

군부대가 밀집한 지역에서도 군복 입은 군인을 보기가 어려워졌다. 가끔 눈에 띄는 휴가나 외출, 외박 나온 병사들뿐이다. 초급간부들조차 퇴근 후면 사복을 입고 위병소를 나간다. 직업군인들은 대부분 군복을 착용하고 출퇴근하지 않는다. 오죽하면 몇몇 부대들에서는 월 1회 유니폼 데이Uniform Day라고 해서 출근 시 군복 착용을 공식적으로 권장하겠는가?

과거에는 전방지역에서 군복을 입고 회식하는 군인들이나 휴가 때 대학교 근처 술집, 카페에서 군복 차림을 쉽게 볼 수 있었다. 군복 착용 한 가지만으로 군대의 위상 변화를 평가한다는 것이 논리의 비약일까? 왜 군인들이 잘 보이지 않을까? 궁금해진다.

한때 육군의 최상급 부대에 근무한 적이 있다. 어떤 분이 군복을 착용하고 출근함으로써 군인으로서의 자긍심을 고취할 수 있다며 아이디어랍시고 군복을 입고 출근하라고 지시했다. 정확히 기억나지는 않지만, 담당 업무의 실무자로서 영혼을 속여야 했던 것은 뚜렷하다.

'어떻게 추진할 것인가?'

본부에서 근무하는 동안 군복을 착용하고 출근하는 모습은 거의 본 적이 없었다. 훈련이나 상황근무, 이른 시간 출장 등 특별한 경우를 제외하고는 간편복이나 체육복을 주로 입는다. 동료, 선후배들에게 의견을 물었다. '군복 입는 걸 자랑스러워해야 한다. 본부부터 솔선수범해서 전군으로 확산하자!'라는 취지에 비웃음부터 받았다.

"군복을 입고 있으면 계급 높은 분들과 하사, 소위 중 누가 더 자랑스러울까? 병사들, 초급간부들은 왜 군복을 불편해할까? 공식적인 자리가 아니면 왜 입지 않을까? 부사관은 어떤가?"

민간 지인과 예비역들에게도 물었다. 역시 우리와 달랐다.

"육군에서 군복을 입으면 누가 가장 자랑스러울까? 참모총장이지. 뒤로 별 2~3개씩 되는 사람들이 따르고 어딜 가든지 대우를 해주지 않겠어? 본인이 자랑스럽다고 남들도 그렇게 생각할까? 육군 병사나 계급 낮은 사람들이 군복 입는 걸 자랑스럽게 만들기 위해 노력해야 할 사람이 자기 할 일이나 하지!"

그 말을 듣고 보니 반박을 할 수가 없었다. 이유가 어찌 되었건 고급간부도 적절한 대우나 존대를 받지 못한다. 하물며 초급간부나 병사들이야 말해 무엇 할까?

중세나 근대 유럽에서는 군복이 최고의 파티 복장이었다. 여권이

몇 개나 되는 어느 분의 말씀이 생각난다. 공항에서 인상 깊었던 안내 방송이 있었다고 한다. 군인들에게 먼저 탑승하게 하고 일등석이 남으면 자리도 옮겨준다고 한다. 심지어 '군인 할인Military Discount', '군인 혜택Military Benefits'이라는 단어도 있다고 한다.

우리의 현실은 어떨까?

당분간 그럴 일도 없겠지만, 군복 입고 다니는 군인이 많을수록 '군인들 왜 그 모양이냐? 복장이 흐트러졌다. 자세가 불량하다.' 등 민원만 늘어날 것 같다. 국민이 군인을 향해 존중과 예우를 해주고 군인 스스로가 그걸 느낀다면 군복을 입지 말라고 해도 입지 않을까? 스스로 유니폼을 자랑스러워하지 않는 현실에서 군대의 위상을 어떻게 보아야 할까?

이상 몇 가지에 대해 알아보았다. 이러한 것들이 잘 해결되어 추진되기를 바란다. 꼭 그렇게 되어야 한다. 모병제의 성공 혹은 실패가 국운을 좌우할 것이라는 데 동의하지 않을 사람은 없을 것이다. 모병제 실패를 예방하고 만약의 상황에 대비해서 안전장치도 필요할 것이다. 몇 가지만 정리해보았다.

1. 군필자 우대의 확실한 법규화
2. 병력부족 시 복무기간 연장을 위한 병력보충 지속성 확보
3. 여성도 징병, 임신·출산 시 면제
4. 충분한 예산 확보 : 보수, 무기체계 구축, 근무환경 개선, 연금,

보훈 등

5. 즉응태세를 갖춘 동원전력 확보를 위해 현역과 동일한 수준의 무기체계 구비

6. 예비전력 확보 : 고교, 대학 교련과목 편성, 면제자에 대한 기초 군사훈련과 병영체험 필수화

7. 군인 자긍심 함양을 위한 대외활동 강화

8. 군의 현실과 이상 사이의 괴리 최소화를 위한 언론보도 개선

9. 군내 자유로운 의사소통 활성화를 위해 계급에 의한 차별 요소 철폐

10. 모병제 군대 문화 수입 확대

우리도 이와 같이 얽혀
나라를 지켜보세

공무원 시험을 볼 때 가산점을 준다든지, 정치할 때 군필자 할당제를 도입한다든지 방법은 여러 가지가 있을 것이다. 모병제가 가장 이상적으로 군을 꾸리는 방법이긴 하지만, 지금의 상황에서 덮어놓고 모병제를 도입하는 것은 무리일 수밖에 없다.

군인이 되고자 하는 장교나 부사관의 지원율을 보고 징병, 모병을 선택해야 한다. 지원율이 어느 정도 목표치에 도달할 때 징병, 모병을 논의할 수 있다. 그 논의는 사전 추측된 조건과 조건의 달성 여부, 새로운 조건 채택 등이 핵심이 되어야 할 것이다. 아무런 준비 없이 계획을 시행하는 것은 뜬구름 잡는 것과 마찬가지다.

단어가 담고 있는 취지만 달성된다면 당연히 모병제 법안에 찬성한다. 하지만 모병이 안 될 수도 있다. 담보가 필요한 이유이다.

국방을 맡길 군인의 숫자가 부족하면 군인들의 복무기간을 늘리면 된다. 그것이 담보이다. 또 다른 담보는 혜택과 권리이다. 군필자에게만 선출직 공무원 피선거권을 준다든지, 일정 부분의 할당을 할 수도 있다. 거기에 더해 공무원 선발에 봉사점수로 군 복무기간을 추가하고, 국가 예산이 투입되어 만들어진 각종 일자리에 우선 채용권을 준다면 어떨까?

이상의 파격적인 담보를 말이 안 되는 의견이라 하지 않을까?

그럴싸한 논리, 책임질 수 없는 주장을 현란한 말솜씨와 지식으로 포장하여 먹고 살기에 바쁘고 힘든 국민을 현혹하지 않았으면 한다. 그렇게 좋으면 우려의 목소리를 반영한 부칙을 담보로 넣으면 안 될까? 세상일에는 담보가 반드시 필요하다. 그렇다고 그 보험을 꼭 사용하고픈 사람은 없을 것이다. 모병제 법률에 포함된 이런 담보(보험) 부칙은 실현되지 않았으면 한다.

〈하여가〉 - 이방원
이런들 어떠하리 저런들 어떠하리
만수산 드렁 칡이 얽어진들 어떠하리
우리도 이같이 얽어져 백 년까지 누리리라

위 시조를 조금 개조해보았다.

이런들 어떠하리 저런들 어떠하리

모병제 징병제가 얽어진들 어떠하리

우리도 이와 같이 얽혀 나라를 지켜보세

갑자기 학창시절 조별과제를 하던 모습이 떠오른다. 주도권을 잡고 조를 이끈 조장과 우물쭈물하며 조에 보탬이 되지 않은 조원 모두 결국 한 조이다. 그들의 태도가 어떻든 간에 한 가지 사실은 변하지 않는다. 같은 조라는 것. 과제에 그들 이름 모두 올라가게 되고 같은 점수를 받는다는 것이다.

개인의 실력이나 기여도보다는 어느 편에 속하는지가 핵심이다. 한쪽은 아무리 열심히 해도 안 되고, 다른 쪽은 분란만 일으켜도 좋은 점수를 받을 수 있다.

우리는 어떨까?

말도 안 되는 비교라고 하는 사람들도 있을 것이다.

대한민국에 태어났다는 것만으로 마음껏 먹고 하고 싶은 것 다 하면서도 감사할 줄 모르는 이들과 잘못 태어났다고 온갖 저주를 퍼붓는 이들이 있다. 하지만 선량한 군인들은 말없이 그들 누구라도 지킨다. 모병제로 입대한 장교와 부사관, 징병제로 입대한 병사들이 말 없는 그들이다. 그들을 욕하고 손가락질해도, 적을 더 걱정하는 이들이라 할지라도 지켜준다.

그렇게 지키고 싸우다 목숨까지 잃는다.

자발적으로 군대 온 사람들과 강제적으로 징집된 사람 모두가 나라를 지키다 현충원에 잠들어 있다. 모병·징병 제도가 어찌 되었건, 사람들을 군으로 이끌었던 방법은 다르지만 그들은 군에서 함께 피와 땀, 눈물을 흘렸다. 그리고 함께 누워 있다.

그들이 어디에 누워 있는가?

그들 스스로 지킨 땅, 조국 대한민국의 품에 고이 잠들어 있다!

| 참고문헌 |

김정섭, 《낙엽이 지기 전에: 1차 세계대전 그리고 한반도의 미래》, MID, 2017년

김진만 외, 《(간부용) 군대 윤리》, 국방부, 2016년

노석조, 《강한 이스라엘 군대의 비밀》, 메디치미디어, 2018년

노병천, 《두 번 읽는 손자병법》, 세종서적, 2019년

리델 하아트, 《롬멜 전사록》, 일조각, 2003년

성형권, 《전술의 기초》, 마인드북스, 2017년

손경호, 《군사사의 관점에서 본 펠로폰네소스 전쟁》, 푸른사상, 2020년

이주희, 《강자의 조건》, MID, 2014년

조성룡, 《(3천 년의 통솔 지혜가 담긴) 名將 逸話》, 병학사, 2000년

존 키건, 《세계전쟁사》, 까치, 2018년

정길현, 《미국의 6·25 전쟁사》, 북코리아, 2015년

정홍용, 《우리의 국방, 무엇을 어떻게 해야 하나》, 플래닛미디어, 2018년

최세인, 《指揮·統率》, 육군본부, 1973년

《입체고속 기동전》, 군사연구소, 2009년

《장교의 道》, 육군본부, 1997년

나의 직업은
군인입니다

초판 1쇄 발행 2022년 2월 15일
초판 3쇄 발행 2022년 9월 16일

지은이   김경연
발행처   예미
발행인   박진희, 황부현
편집   김정연
디자인   김민정

출판등록 2018년 5월 10일(제2018-000084호)

주소   경기도 고양시 일산서구 중앙로 1568 하성프라자 601호
전화   031)917-7279   **팩스** 031)918-3088
전자우편 yemmibooks@naver.com

ⓒ김경연, 2022

ISBN 979-11-89877-80-4 03390